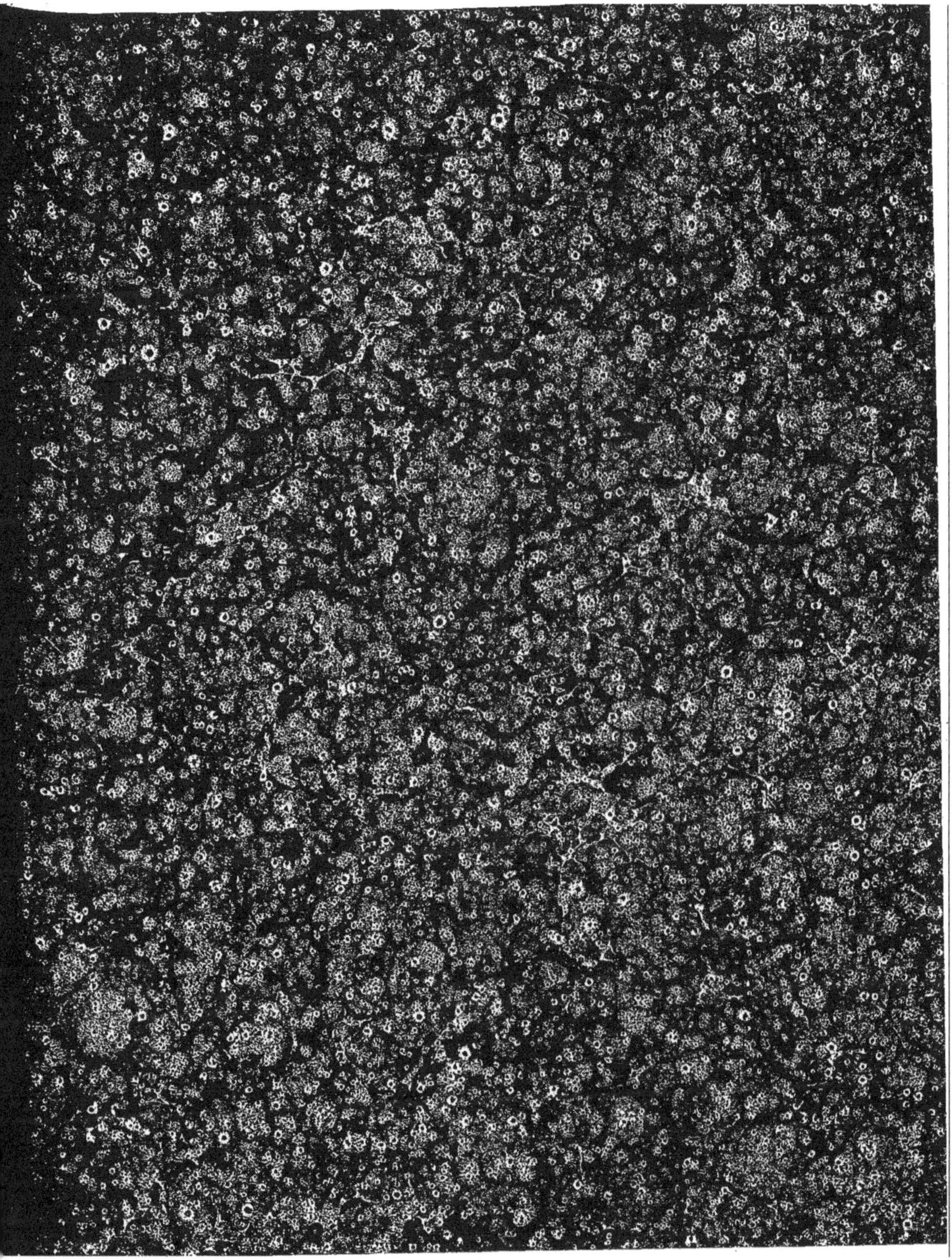

ATTRACTION

DES

CORPS QUELCONQUES,

ET EN PARTICULIER

Des ellipsoïdes homogènes et hétérogènes, et des sphéroïdes qui diffèrent peu de la sphère;

FIGURE DES PLANÈTES ET PESANTEUR A LEUR SURFACE.

THÈSE DE MÉCANIQUE

PRÉSENTÉE A LA FACULTÉ DES SCIENCES DE PARIS,

Par H. PESLIN,

OFFICIER DE L'UNIVERSITÉ,

Professeur de Mathématiques spéciales au Collége de Lorient.

PARIS,

IMPRIMERIE DE BACHELIER,

RUE DU JARDINET, 12.

1844.

ACADÉMIE DE PARIS.

FACULTÉ DES SCIENCES.

MM. DUMAS, doyen,
BIOT,
FRANCOEUR,
MIRBEL,
POUILLET,
PONCELET,
LIBRI,
STURM,
DELAFOSSE,
LEFÉBURE DE FOURCY,
DE BLAINVILLE,
} professeurs.

CONSTANT PREVOST,
AUGUSTE SAINT-HILAIRE,
DESPRETZ,
BALARD,
} professeurs-adjoints.

DUHAMEL,
VIEILLE,
MASSON,
PÉLIGOT,
MILNE EDWARDS,
DE JUSSIEU,
} agrégés.

THÈSE DE MÉCANIQUE.

ATTRACTION

DES

CORPS QUELCONQUES,

ET EN PARTICULIER

Des ellipsoïdes homogènes et hétérogènes, et des sphéroïdes qui diffèrent peu de la sphère;

FIGURE DES PLANÈTES ET PESANTEUR A LEUR SURFACE.

Imaginons un point matériel soumis aux attractions de tous les points d'un corps quelconque; en décomposant chaque attraction élémentaire en trois autres parallèles aux axes coordonnés rectangulaires, et faisant la somme des composantes qui agissent suivant chaque direction, on aura trois forces, dont la résultante sera l'attraction totale sur le point. Chaque composante sera la somme d'une infinité d'éléments infiniment petits, et elle s'exprimera par une intégrale triple, étendue à la masse entière du corps attirant. Soit dm l'un des éléments du corps attirant; soit f sa distance au point attiré, $\frac{dm}{f^2}$ exprimera son attraction; et si l'on nomme x, y, z les coordonnées de dm, et a, b, c celles du point attiré, les trois composantes de l'attraction élémentaire seront

$$\frac{dm\,(a-x)}{f^3}, \quad \frac{dm\,(b-y)}{f^3}, \quad \frac{dm\,(c-z)}{f^3}.$$

D'ailleurs

$$f = \sqrt{(a-x)^2 + (b-y)^2 + (c-z)^2},$$

et

$$dm = \rho\, dx\, dy\, dz;$$

on aura donc, en nommant A, B, C les trois composantes de l'attraction totale, regardées comme positives quand elles tendent à rapprocher le point attiré de l'origine des coordonnées,

$$A = \iiint \frac{\rho(a-x)\,dx\,dy\,dz}{[(a-x)^2 + (b-y)^2 + (c-z)^2]^{\frac{3}{2}}},$$

$$B = \iiint \frac{\rho(b-y)\,dx\,dy\,dz}{[(a-x)^2 + (b-y)^2 + (c-z)^2]^{\frac{3}{2}}},$$

$$C = \iiint \frac{\rho(c-z)\,dx\,dy\,dz}{[(a-x)^2 + (b-y)^2 + (c-z)^2]^{\frac{3}{2}}}.$$

Une considération très-simple réduit à une seule les trois intégrales triples qui déterminent les valeurs des composantes A, B, C. Nommons V la somme des quotients des molécules du corps attirant divisées respectivement par leurs distances au point attiré. Alors

$$V = \iiint \frac{\rho\,dx\,dy\,dz}{[(a-x)^2 + (b-y)^2 + (c-z)^2]^{\frac{1}{2}}},$$

et comme les intégrations sont indépendantes de a, b, c, on reconnaît immédiatement qu'on a

$$A = -\frac{dV}{da}, \quad B = -\frac{dV}{db}, \quad C = -\frac{dV}{dc},$$

et en général, pour avoir la composante de l'attraction suivant une direction, il suffit de supposer que le point attiré éprouve un déplacement élémentaire dans le sens opposé à cette direction, et de calculer la dérivée de V par rapport à ce déplacement.

Quand le point attiré est très-éloigné du corps attirant comparativement aux dimensions de ce dernier, on peut dans l'expression de V développer $\frac{1}{f}$, qui égale $[(a-x)^2 + (b-y)^2 + (c-z)^2]^{-\frac{1}{2}}$, en série convergente ordonnée suivant les puissances et les produits des coordonnées x, y, z. En effet, soit

$$r = \sqrt{a^2 + b^2 + c^2};$$

on aura

$$\frac{1}{f} = \frac{1}{r} + \frac{ax + by + cz}{r^3} + \frac{3(ax + by + cz)^2 - (x^2 + y^2 + z^2)r^2}{2r^5} + \text{etc.},$$

et par conséquent

$$V = \int\int\int \rho\, dx\, dy\, dz \left[\frac{1}{r} + \frac{ax + by + cz}{r^3} + \frac{3(ax + by + cz)^2 - (x^2 + y^2 + z^2)r^2}{2r^5} + \ldots\right];$$

mais si l'on place l'origine des coordonnées au centre de gravité du corps, la seconde partie de l'intégrale sera nulle, et la première égale toujours $\frac{M}{r}$, en nommant M la masse du corps attirant. On aura donc

$$V = \frac{M}{r} + \int\int\int \rho\, dx\, dy\, dz \left[\frac{3(ax + by + cz)^2 - (x^2 + y^2 + z^2)r^2}{2r^5} + \text{etc}\ldots\right].$$

Quand r sera assez grand pour qu'on puisse ne tenir compte que de la première partie de V, les composantes de l'attraction seront

$$A = \frac{Ma}{r^3}, \quad B = \frac{Mb}{r^3}, \quad C = \frac{Mc}{r^3},$$

et par conséquent les mêmes que si toute la masse du corps attirant se trouvait réunie à son centre de gravité.

Quand le corps attirant est une sphère, on reconnaît facilement, en substituant des coordonnées polaires aux coordonnées rectilignes, et effectuant les intégrations, que toutes les parties de V qui suivent la première se détruisent. On peut en conclure que, pourvu que le point attiré soit assez éloigné pour que la série soit convergente, l'attraction d'une sphère est la même que si toute sa masse était réunie à son centre. On sait d'ailleurs que telle est en effet la loi de son attraction sur un point extérieur.

L'emploi des coordonnées polaires est souvent utile, ou même indispensable, pour faciliter les intégrations. Soient donc r, θ, ω les coordonnées du point attiré, et r', θ', ω' les coordonnées de l'élément quelconque dm du corps attirant; on aura, pour passer des expressions anciennes aux expressions nouvelles,

$$a = r\cos\theta, \quad b = r\sin\theta\cos\omega, \quad c = r\sin\theta\sin\omega,$$

$$x = r'\cos\theta', \quad y = r'\sin\theta'\cos\omega', \quad z = r'\sin\theta'\sin\omega', \quad dm = \rho r'^2 \sin\theta' dr' d\theta' d\omega',$$

et

$$V = \int\int\int \frac{\rho r'^2 \sin\theta' dr' d\theta' d\omega'}{\sqrt{r^2 - 2rr'[\cos\theta\cos\theta' + \sin\theta\sin\theta'\cos(\omega-\omega')] + r'^2}}.$$

Cette fonction V jouit d'une propriété bien remarquable, dont Laplace a tiré un grand parti dans sa belle théorie de l'attraction des sphéroïdes. Quand on fait usage des coordonnées rectilignes orthogonales et qu'on ajoute les coefficients des différentielles partielles du deuxième ordre par rapport à a, b, c, la somme est nulle,

$$(1) \qquad \frac{d^2V}{da^2} + \frac{d^2V}{db^2} + \frac{d^2V}{dc^2} = 0.$$

Cependant cette équation est sujette à une exception dont l'auteur de la *Mécanique céleste* ne s'était pas aperçu. Elle a lieu quand le dénominateur de la fonction V devient nul dans les limites de l'intégration, c'est-à-dire lorsque le point attiré fait partie du corps attirant. Poisson, en remarquant le premier ce cas d'exception, a montré qu'alors la somme des dérivées partielles du second ordre est $-4\pi\rho$. En effet, quand l'origine des coordonnées est convenablement placée dans l'intérieur du corps attirant, on peut toujours concevoir une sphère qui ait son centre à cette origine, qui contienne le point attiré et qui soit tout entière contenue dans le corps attirant. Alors, partageant la fonction V en deux parties, l'une V' qui se rapporte à la sphère, et l'autre V'' qui se rapporte à l'excès du corps attirant sur la sphère, on a

$$\frac{d^2V}{da^2} + \frac{d^2V}{db^2} + \frac{d^2V}{dc^2} = \frac{d^2V'}{da^2} + \frac{d^2V'}{db^2} + \frac{d^2V'}{dc^2} + \frac{d^2V''}{da^2} + \frac{d^2V''}{db^2} + \frac{d^2V''}{dc^2};$$

mais puisque la partie du corps attirant à laquelle se rapporte V'' ne contient pas le point attiré, on a

$$\frac{d^2V''}{da^2}+\frac{d^2V''}{db^2}+\frac{d^2V''}{dc^2}=0;$$

et d'après la théorie connue de l'attraction de la sphère sur un point intérieur, on sait que

$$-\frac{dV'}{da}=\frac{4\pi\rho a}{3},\qquad -\frac{dV'}{db}=\frac{4\pi\rho b}{3},\qquad -\frac{dV'}{dc}=\frac{4\pi\rho c}{3},$$

d'où l'on déduit

$$\frac{d^2V'}{da^2}+\frac{d^2V'}{db^2}+\frac{d^2V'}{dc^2}=-4\pi\rho;$$

et par conséquent, quand le point attiré fait partie du corps attirant,

$$\frac{d^2V}{da^2}+\frac{d^2V}{db^2}+\frac{d^2V}{dc^2}=-4\pi\rho;$$

ρ est la densité au point attiré.

Maintenant, pour savoir ce que devient cette équation quand on emploie les coordonnées polaires, nous remarquerons que la dérivée totale de V, relative à un déplacement élémentaire du point attiré, doit rester la même, quel que soit le système de coordonnées qu'on emploie pour l'exprimer. Donc

$$\frac{dV}{da}da+\frac{dV}{db}db+\frac{dV}{dc}dc=\frac{dV}{dr}dr+\frac{dV}{d\theta}d\theta+\frac{dV}{d\omega}d\omega,$$

et cette équation doit être considérée comme une identité, moyennant qu'on ait égard aux équations qui lient les coordonnées rectilignes aux coordonnées polaires. On pourra donc, après avoir remplacé, dans le second membre, dr, $d\theta$, $d\omega$ par leurs valeurs en différentielles de coordonnées rectilignes da, db, dc, égaler les coefficients des mêmes différentielles. Les formules sont

$$dr=\cos\theta\,da+\sin\theta\cos\omega\,db+\sin\theta\sin\omega\,dc,$$

$$d\theta=-\frac{\sin\theta}{r}da+\frac{\cos\theta\cos\omega}{r}db+\frac{\cos\theta\sin\omega}{r}dc,$$

$$d\omega=\frac{\cos\omega}{r\sin\theta}dc-\frac{\sin\omega}{r\sin\theta}db,$$

et l'on trouve

$$\frac{dV}{da} = \cos\theta\,\frac{dV}{dr} - \frac{\sin\theta}{r}\,\frac{dV}{d\theta},$$

$$\frac{dV}{db} = \sin\theta\cos\omega\,\frac{dV}{dr} + \frac{\cos\theta\cos\omega}{r}\,\frac{dV}{d\theta} - \frac{\sin\omega}{r\sin\theta}\,\frac{dV}{d\omega},$$

$$\frac{dV}{dc} = \sin\theta\sin\omega\,\frac{dV}{dr} + \frac{\cos\theta\sin\omega}{r}\,\frac{dV}{d\theta} + \frac{\cos\omega}{r\sin\theta}\,\frac{dV}{d\omega}.$$

Si l'on prend de même les différentielles totales des deux membres de chacune de ces équations, et qu'on y fasse les mêmes substitutions, on trouve

$$\frac{d^2V}{da^2} = \cos^2\theta\,\frac{d^2V}{dr^2} + \frac{2\sin\theta.\cos\theta.dV}{r^2\;\;d\theta} - \frac{2\sin\theta\cos\theta}{r}\,\frac{d^2V}{dr\,d\theta} + \frac{\sin^2\theta}{r}\,\frac{dV}{dr} + \frac{\sin^2\theta}{r^2}\,\frac{d^2V}{d\theta^2},$$

$$\begin{aligned}
\frac{d^2V}{db^2} = {} & \sin\theta\cos\omega\left[\begin{aligned}&\sin\theta\cos\omega\,\frac{d^2V}{dr^2} - \frac{\cos\theta\cos\omega}{r^2}\,\frac{dV}{d\theta} + \frac{\cos\theta\cos\omega}{r}\,\frac{d^2V}{dr\,d\theta}\\ &+ \frac{\sin\omega}{r^2\sin\theta}\,\frac{dV}{d\omega} - \frac{\sin\omega}{r\sin\theta}\,\frac{d^2V}{dr\,d\omega}\end{aligned}\right]\\
& + \frac{\cos\theta\cos\omega}{r}\left[\begin{aligned}&\cos\theta\cos\omega\,\frac{dV}{dr} + \sin\theta\cos\omega\,\frac{d^2V}{dr\,d\theta} - \frac{\sin\theta\cos\omega}{r}\,\frac{dV}{d\theta}\\ &+ \frac{\cos\theta.\cos\omega}{r}\,\frac{d^2V}{d\theta^2} + \frac{\cos\theta\sin\omega.dV}{r\sin^2\theta\;\;d\omega} - \frac{\sin\omega}{r\sin\theta}\,\frac{d^2V}{d\theta\,d\omega}\end{aligned}\right]\\
& - \frac{\sin\omega}{r\sin\theta}\left[\begin{aligned}&-\sin\theta\sin\omega\,\frac{dV}{dr} + \sin\theta\cos\omega\,\frac{d^2V}{dr\,d\omega} - \frac{\cos\theta\sin\omega}{r}\,\frac{dV}{d\theta}\\ &+ \frac{\cos\theta.\cos\omega}{r}\,\frac{d^2V}{d\theta\,d\omega} - \frac{\cos\omega}{r\sin\theta}\,\frac{dV}{d\omega} - \frac{\sin\omega}{r\sin\theta}\,\frac{d^2V}{d\omega^2}\end{aligned}\right],
\end{aligned}$$

$$\begin{aligned}
\frac{d^2V}{dc^2} = {} & \sin\theta\sin\omega\left[\begin{aligned}&\sin\theta\sin\omega\,\frac{d^2V}{dr^2} - \frac{\cos\theta\sin\omega}{r^2}\,\frac{dV}{d\theta} + \frac{\cos\theta\sin\omega}{r}\,\frac{d^2V}{dr\,d\theta}\\ &- \frac{\cos\omega}{r^2\sin\theta}\,\frac{dV}{d\omega} + \frac{\cos\omega}{r\sin\theta}\,\frac{d^2V}{dr\,d\omega}\end{aligned}\right]\\
& + \frac{\cos\theta\sin\omega}{r}\left[\begin{aligned}&\cos\theta\sin\omega\,\frac{dV}{dr} + \sin\theta\sin\omega\,\frac{d^2V}{dr\,d\theta} - \frac{\sin\theta\sin\omega}{r}\,\frac{dV}{d\theta}\\ &+ \frac{\cos\theta\sin\omega}{r}\,\frac{d^2V}{d\theta^2} - \frac{\cos\theta\cos\omega}{r\sin^2\theta}\,\frac{dV}{d\omega} + \frac{\cos\omega}{r\sin\theta}\,\frac{d^2V}{d\theta\,d\omega}\end{aligned}\right]\\
& + \frac{\cos\omega}{r\sin\theta}\left[\begin{aligned}&\sin\theta\cos\omega\,\frac{dV}{dr} + \sin\theta\sin\omega\,\frac{d^2V}{dr\,d\omega} + \frac{\cos\theta\cos\omega}{r}\,\frac{dV}{d\theta}\\ &+ \frac{\cos\theta\sin\omega}{r}\,\frac{d^2V}{d\theta\,d\omega} - \frac{\sin\omega}{r\sin\theta}\,\frac{dV}{d\omega} + \frac{\cos\omega}{r\sin\theta}\,\frac{d^2V}{d\omega^2}\end{aligned}\right];
\end{aligned}$$

en substituant ces valeurs dans l'équation (1), et multipliant par r^2, on trouve

$$\frac{d^2V}{d\theta^2} + \frac{\cos\theta}{\sin\theta}\frac{dV}{d\theta} + \frac{1}{\sin^2\theta}\frac{d^2V}{d\omega^2} + r^2\frac{d^2V}{dr^2} + 2r\frac{dV}{dr} = 0, \quad \text{ou} \quad = -4\pi\rho r^2,$$

suivant que le point attiré ne fait point partie du corps attirant ou qu'il en fait partie. Nous poserons $\cos\theta = \mu$, et alors l'équation précédente se mettra facilement sous la forme

$$\frac{d.(1-\mu^2)\frac{dV}{d\mu}}{d\mu} + \frac{1}{1-\mu^2}\frac{d^2V}{d\omega^2} + r\frac{d^2rV}{dr^2} = 0, \quad \text{ou} \quad = -4\pi\rho r^2.$$

Au moyen de cette équation, on calculerait facilement l'attraction d'une sphère homogène, ou seulement composée de couches concentriques homogènes, sur un point extérieur ou intérieur; car alors V ne dépendant plus que de r et de ρ, qui serait une fonction donnée de r', on n'aurait qu'une équation aux différences ordinaires et bien simple.

Attraction des ellipsoïdes.

Nous supposerons d'abord que l'ellipsoïde soit homogène, et le point attiré intérieur; alors, transportant l'origine en ce point, et faisant usage des coordonnées polaires r, θ, ω, les composantes de l'attraction deviennent

$$\begin{aligned} A &= -\iiint \sin\theta\cos\theta\, dr\, d\theta\, d\omega, \\ B &= -\iiint \sin^2\theta \cos\omega\, dr\, d\theta\, d\omega, \\ C &= -\iiint \sin^2\theta \sin\omega\, dr\, d\theta\, d\omega. \end{aligned}$$

L'intégration de ces formules, relativement à r, peut s'effectuer immédiatement, et l'on peut prendre pour limites des intégrales 0 et la valeur positive de r à la surface. On fera varier ensuite θ de 0 à π, et ω de 0 à 2π. Désignant donc par R la fonction de θ et ω, qui est la valeur positive de r à la surface, nous aurons

$$\begin{aligned} A &= -\iint R \sin\theta\cos\theta\, d\theta\, d\omega, \\ B &= -\iint R \sin^2\theta \cos\omega\, d\theta\, d\omega, \\ C &= -\iint R \sin^2\theta \sin\omega\, d\theta\, d\omega. \end{aligned}$$

Soient h, h', h'', les demi-axes de l'ellipsoïde; son équation, quand on le rapporte aux coordonnées rectilignes qui sont dirigées suivant ses axes, est

$$\frac{x^2}{h^2} + \frac{y^2}{h'^2} + \frac{z^2}{h''^2} = 1,$$

et les formules qui lient les coordonnées rectilignes aux coordonnées polaires sont

$$x = a + r\cos\theta, \quad y = b + r\sin\theta\cos\omega, \quad z = c + r\sin\theta\sin\omega.$$

Substituant donc et faisant

$$K = \frac{\cos^2\theta}{h^2} + \frac{\sin^2\theta\cos^2\omega}{h'^2} + \frac{\sin^2\theta\sin^2\omega}{h''^2},$$

$$F = \frac{a\cos\theta}{h^2} + \frac{b\sin\theta\cos\omega}{h'^2} + \frac{c\sin\theta\sin\omega}{h''^2},$$

$$L = 1 - \frac{a^2}{h^2} - \frac{b^2}{h'^2} - \frac{c^2}{h''^2},$$

il vient

$$Kr^2 + 2Fr = L,$$

et l'on en déduit

$$R = \frac{-F + \sqrt{F^2 + KL}}{K}.$$

Les composantes de l'attraction deviennent donc

$$A = \iint \frac{F - \sqrt{F^2 + KL}}{K} \sin\theta\cos\theta\, d\theta\, d\omega,$$

$$B = \iint \frac{F - \sqrt{F^2 + KL}}{K} \sin^2\theta\cos\omega\, d\theta\, d\omega,$$

$$C = \iint \frac{F - \sqrt{F^2 + KL}}{K} \sin^2\theta\sin\omega\, d\theta\, d\omega.$$

Maintenant je dis que, dans ces intégrales, on peut négliger le radical; qu'ainsi, dans la valeur de A, on a

$$\iint \frac{\sqrt{F^2 + KL}}{K} \sin\theta\cos\theta\, d\theta\, d\omega = 0.$$

En effet, L est constant, et K ne contient que des carrés de cosinus : les deux éléments qui correspondent à des valeurs de θ supplémentaires l'une de l'autre se détruisent donc. Un raisonnement analogue s'applique aux deux autres intégrales ; ainsi nous prendrons

$$A = \int\int \frac{F}{K} \sin\theta \cos\theta \, d\theta \, d\omega,$$

$$B = \int\int \frac{F}{K} \sin^2\theta \cos\omega \, d\theta \, d\omega,$$

$$C = \int\int \frac{F}{K} \sin^2\theta \sin\omega \, d\theta \, d\omega,$$

ou bien, en remplaçant maintenant F par sa valeur,

$$A = \frac{a}{h^2} \int\int \frac{\sin\theta \cos^2\theta \, d\theta \, d\omega}{K} + \frac{b}{h'^2} \int\int \frac{\sin^2\theta \cos\theta \cos\omega \, d\theta \, d\omega}{K}$$
$$+ \frac{c}{h''^2} \int\int \frac{\sin^2\theta \cos\theta \sin\omega \, d\theta \, d\omega}{K}.$$

Mais le raisonnement qui a été fait ci-dessus prouve que les deux dernières parties de cette somme s'annulent, et que cette composante devient

$$A = \frac{a}{h^2} \int\int \frac{\sin\theta \cos^2\theta \, d\theta \, d\omega}{K}.$$

Des simplifications pareilles peuvent s'appliquer aux valeurs de B et C, et en remplaçant K par sa valeur, on peut écrire les trois composantes sous cette forme

$$A = a \int\int \frac{\sin\theta \cos^2\theta \, d\theta \, d\omega}{\cos^2\theta + \frac{h^2}{h'^2} \sin^2\theta \cos^2\omega + \frac{h^2}{h''^2} \sin^2\theta \sin^2\omega},$$

$$B = b \int\int \frac{\sin^3\theta \cos^2\omega \, d\theta \, d\omega}{\sin^2\theta \cos^2\omega + \frac{h'^2}{h^2} \cos^2\theta + \frac{h'^2}{h''^2} \sin^2\theta \sin^2\omega},$$

$$C = c \int\int \frac{\sin^3\theta \sin^2\omega \, d\theta \, d\omega}{\sin^2\theta \sin^2\omega + \frac{h''^2}{h^2} \cos^2\theta + \frac{h''^2}{h'^2} \sin^2\theta \cos^2\omega}.$$

Sous cette forme, on voit que les composantes de l'attraction ne changeraient pas si l'on multipliait les axes de l'ellipsoïde par un facteur $(1 + \delta)$; ce qui ajouterait à l'ellipsoïde une couche extérieure comprise entre deux surfaces ellipsoïdales semblables et semblablement placées. Donc l'attraction d'une telle couche sur un point intérieur est nulle.

On voit encore que chaque composante de l'attraction est proportionnelle à la coordonnée du point attiré parallèle à la même direction; d'où l'on peut conclure que les attractions de l'ellipsoïde sur les points d'une droite passant par le centre sont proportionnelles aux distances de ces points au centre. On tire aussi de ces équations

$$\frac{A}{a} + \frac{B}{b} + \frac{C}{c} = \int\int \sin\theta\, d\theta\, d\omega = 4\pi;$$

mais on sait que

$$-\frac{dV}{da} = A, \quad -\frac{dV}{db} = B, \quad -\frac{dV}{dc} = C,$$

et alors la forme des valeurs de A, B, C donne

$$-\frac{d^2V}{da^2} = \frac{A}{a}, \quad -\frac{d^2V}{db^2} = \frac{B}{b}, \quad -\frac{d^2V}{dc^2} = \frac{C}{c};$$

donc

$$\frac{d^2V}{da^2} + \frac{d^2V}{db^2} + \frac{d^2V}{dc^2} = -4\pi;$$

ce qui vérifie pour l'ellipsoïde une équation que l'on a reconnu avoir généralement lieu quand il s'agit de l'attraction d'un corps sur un point intérieur. Intégrons maintenant les valeurs de A, B, C par rapport à ω. En prenant pour limites des intégrales o et $\frac{1}{2}\pi$, et multipliant le résultat par 4, nous trouvons facilement

$$A = \frac{2a\pi\, h'h''}{h^2} \int_0^{\pi} \frac{\sin\theta \cos^2\theta\, d\theta}{\sqrt{1 + \frac{h'^2 - h^2}{h^2}\cos^2\theta}\sqrt{1 + \frac{h''^2 - h^2}{h^2}\cos^2\theta}}.$$

On peut prendre seulement l'intégrale de o à $\frac{1}{2}\pi$, pourvu qu'on double le résultat. Si ensuite on désigne par M la masse de l'ellipsoïde et $\cos\theta$ par x, on trouve

$$A=\frac{3Ma}{h^3}\int_0^1\frac{x^2dx}{\sqrt{1+\frac{h'^2-h^2}{h^2}x^2}\sqrt{1+\frac{h''^2-h^2}{h^2}x^2}}.$$

Des considérations de symétrie fournissent immédiatement les valeurs des deux autres composantes

$$B=\frac{3Mb}{h'^3}\int_0^1\frac{x^2dx}{\sqrt{1+\frac{h''^2-h'^2}{h'^2}x^2}\sqrt{1+\frac{h^2-h'^2}{h'^2}x^2}},$$

$$C=\frac{3Mc}{h''^3}\int_0^1\frac{x^2dx}{\sqrt{1+\frac{h^2-h''^2}{h''^2}x^2}\sqrt{1+\frac{h'^2-h''^2}{h''^2}x^2}}.$$

Soient h le plus petit axe, h' le moyen et h'' le plus grand, et posons

$$\frac{h'^2-h^2}{h^2}=\lambda^2,$$

et

$$\frac{h''^2-h^2}{h^2}=\lambda'^2;$$

puis dans la valeur de B faisons

$$x=\frac{h'y}{h\sqrt{1+\lambda^2y^2}},$$

et dans celle de C

$$x=\frac{h''z}{h\sqrt{1+\lambda'^2z^2}};$$

les limites des intégrales resteront les mêmes, et les trois composantes deviennent, en remettant x à la place de y et de z dans les deux dernières,

$$A=\frac{3Ma}{h^3}\int_0^1\frac{x^2dx}{\sqrt{1+\lambda^2x^2}\sqrt{1+\lambda'^2x^2}},$$

$$B=\frac{3Mb}{h^3}\int_0^1\frac{x^2dx}{(1+\lambda^2x^2)^{\frac{3}{2}}\sqrt{1+\lambda'^2x^2}},$$

$$C=\frac{3Mc}{h^3}\int_0^1\frac{x^2dx}{\sqrt{1+\lambda^2x^2}(1+\lambda'^2x^2)^{\frac{3}{2}}}.$$

Posons

$$L = \int_0^1 \frac{x^2dx}{\sqrt{1+\lambda^2x^2}\sqrt{1+\lambda'^2x^2}},$$

et nous aurons

$$A = \frac{3Ma}{h^3}L, \quad B = \frac{3Mb}{h^3}\frac{d\lambda L}{d\lambda}, \quad C = \frac{3Mc}{h^3}\frac{d\lambda' L}{d\lambda'}.$$

Tant que les demi-axes de l'ellipsoïde sont inégaux, il est impossible d'obtenir L sous forme finie; on peut seulement développer cette quantité en une série, qui est très-convergente quand, l'ellipsoïde différant peu d'une sphère, λ et λ' sont de très-petites quantités. On peut aussi exprimer A, B, C au moyen des fonctions elliptiques, et nous le ferons de la manière suivante.

Soient

$$c^2 = 1 - \frac{\lambda^2}{\lambda'^2},$$

et

$$\lambda' x = \text{tang}\,\varphi;$$

on trouve

$$A = \frac{3Ma}{h^3\lambda'^3}\int_0^{\text{arc tang}\,\lambda'} \frac{\text{tang}^2\varphi\, d\varphi}{\sqrt{1-c^2\sin^2\varphi}},$$

$$B = \frac{3Mb}{h^3\lambda'^3}\int_0^{\text{arc tang}\,\lambda'} \frac{\sin^2\varphi\, d\varphi}{(1-c^2\sin^2\varphi)^{\frac{3}{2}}},$$

$$C = \frac{3Mc}{h^3\lambda'^3}\int_0^{\text{arc tang}\,\lambda'} \frac{\sin^2\varphi\, d\varphi}{\sqrt{1-c^2\sin^2\varphi}}.$$

En transformant et mettant les valeurs des limites, on obtient

$$A = \frac{3M.a}{h^3\lambda'^3(1-c^2)}\left[\frac{h'\sqrt{h''^2-h^2}}{hh''} - E(c,\varphi)\right],$$

$$B = \frac{3M.b}{h^3\lambda'^3c^2(1-c^2)}\left[E(c,\varphi) - (1-c^2)F(c,\varphi) - c^2\frac{h\sqrt{h''^2-h^2}}{h'h''}\right],$$

$$C = \frac{3M.c}{h^3\lambda'^3c^2}[F(c,\varphi) - E(c,\varphi)].$$

Quand l'ellipsoïde est de révolution, les intégrations peuvent toujours s'effectuer; mais il se présente deux cas: ou l'ellipsoïde est aplati vers les pôles, ou bien il est allongé. Supposons d'abord le premier cas; alors on trouve facilement

$$\mathrm{A} = \frac{3\mathrm{M}.a}{h^3\lambda^3}(\lambda - \text{arc tang}\,\lambda), \quad \frac{\mathrm{B}}{b} = \frac{\mathrm{C}}{c} = \frac{3\mathrm{M}}{2h^3\lambda^3}\left(\text{arc tang}\,\lambda - \frac{\lambda}{1+\lambda^2}\right).$$

Supposons maintenant l'ellipsoïde de révolution et allongé vers les pôles; puis, pour conserver nos notations, soient $h = h''$ et $h < h'$, qui est alors l'axe de révolution; nous aurons

$$\frac{\mathrm{A}}{a} = \frac{\mathrm{C}}{c} = \frac{3\mathrm{M}}{h^3}\int_0^1 \frac{x^2dx}{\sqrt{1+\lambda^2x^2}}$$

et

$$\frac{\mathrm{B}}{b} = \frac{3\mathrm{M}}{h^3}\int_0^1 \frac{x^2dx}{(1+\lambda^2x^2)^{\frac{3}{2}}}.$$

Maintenant, effectuant les intégrations et mettant les valeurs des limites, on obtient

$$\frac{\mathrm{A}}{a} = \frac{\mathrm{C}}{c} = \frac{3\mathrm{M}}{2h^3\lambda^3}\left[\lambda\sqrt{1+\lambda^2} - \log(\lambda + \sqrt{1+\lambda^2})\right]$$

et

$$\frac{\mathrm{B}}{b} = \frac{3\mathrm{M}}{h^3\lambda^3}\left[\log(\lambda + \sqrt{1+\lambda^2}) - \frac{\lambda}{\sqrt{1+\lambda^2}}\right].$$

Nous considérerons maintenant l'attraction d'un ellipsoïde homogène sur un point extérieur. Quoique Poisson soit parvenu à intégrer directement les formules qui représentent les composantes de cette attraction, et à les réduire à la forme de simples quadratures, cependant il me semble encore préférable de démontrer le théorème de M. Ivory et d'en faire usage ensuite pour ramener ce second cas au premier.

Soient donc deux ellipsoïdes homogènes dont les sections principales ont les mêmes foyers; j'appellerai *points correspondants* ceux dont les coordonnées parallèles à un même axe sont entre elles comme les demi-diamètres des ellipsoïdes dirigés suivant cet axe, et je démontrerai que chaque composante de l'attraction du premier ellipsoïde sur un point de la surface du second est à la composante homologue de l'attraction du second ellipsoïde sur le point correspondant de la surface du premier, comme le produit des deux autres axes du premier est au produit des deux autres axes du second.

En conservant les mêmes notations, nous avons

$$A = \rho \int\int\int \frac{(a - x)\, dx dy dz}{[(a - x)^2 + (b - y)^2 + (c - z)^2]^{\frac{3}{2}}}$$

et à la surface

$$\frac{x^2}{h^2} + \frac{y^2}{h'^2} + \frac{z^2}{h''^2} = 1.$$

Posons

$$x = hx', \quad y = h'y', \quad z = h''z',$$

il vient

$$A = \rho h h' h'' \int\int\int \frac{(a - hx')dx'dy'dz'}{[(a - hx')^2 + (b - h'y')^2 + (c - h''z')^2]^{\frac{3}{2}}}$$

et

$$x'^2 + y'^2 + z'^2 = 1.$$

Nous pouvons intégrer par rapport à x'; et en nommant $\pm x'_1$ les limites de l'intégrale, qui sont

$$\pm \sqrt{1 - y'^2 - z'^2},$$

il vient

$$A = \rho h' h'' \left[\begin{array}{l} \int\int \frac{dy'dz'}{[(a - hx'_1)^2 + (b - h'y')^2 + (c - h''z')^2]^{\frac{1}{2}}} \\ - \int\int \frac{dy'dz'}{[(a + hx'_1)^2 + (b - h'y')^2 + (c - h''z')^2]^{\frac{1}{2}}} \end{array} \right],$$

et les variables x'_1, y', z' se rapportent toujours à un point de la surface de l'hémisphère.

Maintenant, nous substituerons les coordonnées polaires de même origine aux coordonnées rectilignes, et comme ces dernières doivent s'étendre à tous les points de l'hémisphère situé du côté des x positifs, et ayant l'unité pour rayon, il s'ensuit que les limites des valeurs de θ et ω seront

$$\theta = 0, \qquad \omega = 0,$$

et

$$\theta = \tfrac{1}{2}\pi, \qquad \omega = 2\pi;$$

on a d'ailleurs pour formules de transformation

$$x'_1 = \cos\theta, \quad y' = \sin\theta\cos\omega, \quad z' = \sin\theta\sin\omega,$$

et

$$dy'\,dz' = \sin\theta\cos\theta\,d\theta\,d\omega.$$

On aperçoit facilement que, si dans la première partie de la valeur de A on faisait varier θ depuis $\frac{1}{2}\pi$ jusqu'à π, cette partie serait composée des mêmes éléments que la seconde, dans laquelle on fait varier θ depuis o jusqu'à $\frac{1}{2}\pi$. On peut donc prendre pour valeur de A

$$A = \rho h' h'' \int_0^{\pi}\int_0^{2\pi} \frac{\cos\theta\sin\theta\,d\theta\,d\omega}{R},$$

en posant

$$R^2 = a^2 + b^2 + c^2 - 2(ah\cos\theta + bh'\sin\theta\cos\omega + ch''\sin\theta\sin\omega) + h^2\cos^2\theta + h'^2\sin^2\theta\cos^2\omega + h''^2\sin^2\theta\sin^2\omega.$$

Maintenant, nous considérerons un second ellipsoïde dont les sections principales soient décrites des mêmes foyers que celles du premier; nous supposerons que le point attiré par le premier soit à la surface du second, et que le point attiré par le second soit le point correspondant du premier. Nous allons reconnaître qu'il est à la surface, et que la quantité R relative au second ellipsoïde est la même que celle qui se rapporte au premier. Soient donc k, k', k'' les demi-axes du second ellipsoïde, a_1, b_1, c_1 les coordonnées du point qu'il attire, et R_1 la quantité analogue à R. Pour exprimer les positions relatives des deux points attirés, nous poserons

$$a = k\cos p, \quad b = k'\sin p\cos q, \quad c = k''\sin p\sin q,$$

et

$$a_1 = h\cos p, \quad b_1 = h'\sin p\cos q, \quad c_1 = h''\sin p\sin q.$$

Les points ainsi définis sont sur les deux ellipsoïdes; ils se correspondent conformément à notre définition, et ils sont d'ailleurs quelconques. La condition que les ellipsoïdes aient les mêmes foyers donne

$$h'^2 - h^2 = k'^2 - k^2 = m,$$

et

$$h''^2 - h^2 = k''^2 - k^2 = n.$$

Au moyen de ces deux dernières égalités et des précédentes, on peut éliminer de R les coordonnées du point attiré et les carrés des deux derniers demi-axes de chaque ellipsoïde, et alors on trouve

$$\begin{aligned}R^2 = h^2 + k^2 + m(\sin^2 p \cos^2 q + \sin^2\theta \cos^2\omega) + n(\sin^2 p \sin^2 q + \sin^2\theta \sin^2\omega) \\ - 2(hk \cos p \cos\theta + h'k' \sin p \cos q \sin\theta \cos\omega + h''k'' \sin p \sin q \sin\theta \sin\omega).\end{aligned}$$

Pour avoir R_1^2, il n'y a qu'à remplacer h, h', h'' par k, k', k'', et réciproquement, ce qui ne change pas la quantité; donc

$$R^2 = R_1^2,$$

et par conséquent

$$\frac{A_1}{A} = \frac{k'k''}{h'h''},$$

ce qui est l'énoncé du théorème de M. Ivory.

On peut remarquer que ce théorème aurait encore lieu quand même l'attraction serait une autre fonction de la distance, car il dépend uniquement de ce que $R^2 = R_1^2$.

Quand deux ellipsoïdes ont, comme nous l'avons supposé dans le cas précédent, les sections principales décrites des mêmes foyers, l'un d'eux est tout à fait intérieur à l'autre. Lorsqu'il s'agira donc de calculer l'attraction d'un ellipsoïde M sur un point extérieur O, on considérera auxiliairement un second ellipsoïde M_1 décrit des mêmes foyers que le premier et passant par le point O. On cherchera, par les formules relatives aux points intérieurs, les composantes A_1, B_1, C_1 de l'attraction qu'il exerce sur le point O_1 de la surface du premier ellipsoïde qui correspond à O considéré sur la surface du second, et l'on en déduira les composantes A, B, C de l'attraction de l'ellipsoïde donné sur le point extérieur donné. En effet, soient

h, h', h'' les demi-axes de l'ellipsoïde M, et a, b, c les coordonnées du point O. Soient de même k, k', k'' les demi-axes de l'ellipsoïde M_1, et $a_1 = \frac{ah}{k}$, $b_1 = \frac{bh'}{k'}$, $c_1 = \frac{ch''}{k''}$ les coordonnées de O_1 ; on aura

$$A = \frac{h'h''}{k'k''} A_1, \quad B = \frac{hh''}{kk''} B_1, \quad C = \frac{hh'}{kk'} C_1.$$

Le tout consiste donc à déterminer k, k', k'', et l'on a pour cela les équations

$$k'^2 = k^2 + h'^2 - h^2, \quad k''^2 = k^2 + h''^2 - h^2,$$

et

$$\frac{a^2}{k^2} + \frac{b^2}{k^2 + (h'^2 - h^2)} + \frac{c^2}{k^2 + (h''^2 - h^2)} - 1 = 0.$$

Cette dernière admet une valeur positive pour k^2, et une seule évidemment, car l'hypothèse $k^2 = 0$ rend le premier membre positif, et l'hypothèse $k^2 = \infty$ le rend négatif. D'ailleurs, si k^2 varie depuis 0 à ∞, le premier membre reste toujours fini et décroît continûment; donc le second ellipsoïde est toujours possible et unique. k^2 dépend d'une équation du troisième degré, et l'on en calculera la valeur par les méthodes ordinaires d'approximation. Maintenant, k étant calculé, k' et k'' le sont aussi, et en posant

$$\frac{k' - k^2}{k^2} = \eta^2, \quad \frac{k''^2 - k^2}{k^2} = \eta'^2, \quad L_1 = \int_0^1 \frac{x^2 dx}{\sqrt{1 + \eta^2 x^2}\sqrt{1 + \eta'^2 x^2}},$$

on aura

$$A_1 = \frac{3M_1 a_1}{k^3} L_1, \quad B_1 = \frac{3M_1 b_1}{k^3} \frac{d.\eta L_1}{d\eta}, \quad C_1 = \frac{3M_1 C_1}{k^3} \frac{d.\eta' L_1}{d\eta'};$$

ce qui donne

$$A = \frac{3M_1 a_1}{k^3} \frac{k'k''}{h'h''} L_1, \quad B = \frac{3M_1 b_1}{k^3} \frac{hh''}{kk''} \frac{d.\eta L_1}{d\eta}, \quad C = \frac{3M_1 C_1}{k^3} \frac{hh'}{kk'} \frac{d.\eta' L_1}{d\eta'}.$$

Substituant à a_1, b_1, c_1 leurs valeurs, et tenant compte de ce que $M = \frac{4}{3}\pi hh'h''$, $M_1 = \frac{4}{3}\pi kk'k''$, il vient

$$A = \frac{3M.a}{k^3} L_1, \quad B = \frac{3M.b}{k^3} \frac{d.\eta L_1}{d\eta}, \quad C = \frac{3Mc}{k^3} \frac{d.\eta' L_1}{d\eta'}.$$

Si l'ellipsoïde est de révolution, la valeur de k^2 sera donnée par une équation du second degré, et les composantes de l'attraction deviendront :

1°. Dans le cas où l'ellipsoïde est aplati vers les pôles,

$$A = \frac{3M.a}{k^3\eta^3}(\eta - \text{arc tang}\,\eta), \quad \frac{B}{b} = \frac{C}{c} = \frac{3M}{2k^3\eta^3}\left(\text{arc tang}\,\eta - \frac{\eta}{1+\eta^2}\right);$$

2°. Dans le cas où il est allongé vers les pôles,

$$\frac{A}{a} = \frac{C}{c} = \frac{3M}{2k^3\eta^3}\left[\eta\sqrt{1+\eta^2} - \log(\eta + \sqrt{1+\eta^2})\right],$$

et

$$B = \frac{3Mb}{k^3\eta^3}\left[\log(\eta + \sqrt{1+\eta^2}) - \frac{\eta}{\sqrt{1+\eta^2}}\right].$$

Des formules précédentes on conclut que deux ellipsoïdes homogènes qui ont leurs sections principales décrites des mêmes foyers exercent sur un point extérieur des attractions dirigées suivant la même droite et proportionnelles à leurs masses.

Nous considérerons maintenant l'attraction de l'ellipsoïde hétérogène, composé de couches homogènes, sur un point extérieur. (Il est inutile de considérer son attraction sur un point intérieur, puisque les couches extérieures au point attiré ne produiraient aucun effet.)

Nous avons trouvé dans l'article précédent, pour la première composante de l'attraction, qu'un ellipsoïde homogène exerce sur un point extérieur,

$$A = \frac{3M.a}{k^3}L,$$

ce qui revient à

$$A = 4\pi\rho a\,\frac{hh'h''}{k}\int_0^1 \frac{x^2dx}{\sqrt{k^2+(h'^2-h^2)x^2}\,\sqrt{k^2+(h''^2-h^2)x^2}}.$$

Soit

$$x = \frac{k}{h}y,$$

il vient

$$\mathrm{A} = 4\pi\rho a h' h'' \int_0^{\frac{h}{k}} \frac{y^2 dy}{\sqrt{h^2 + (h'^2 - h^2)y^2}\,\sqrt{h^2 + (h''^2 - h^2)y^2}}.$$

Soient H, H′, H″ les trois demi-axes d'un second ellipsoïde semblable au premier, et K, K′, K″ ceux qui se rapportent à l'ellipsoïde de mêmes foyers qui passe par le point attiré. La première composante de l'attraction exercée par cet ellipsoïde sur le mêm· point est

$$4\pi\rho a \mathrm{H}' \mathrm{H}'' \int_0^{\frac{\mathrm{H}}{\mathrm{K}}} \frac{y^2 dy}{\sqrt{\mathrm{H}^2 + (\mathrm{H}'^2 - \mathrm{H}^2)y^2}\,\sqrt{\mathrm{H}^2 + (\mathrm{H}''^2 - \mathrm{H}^2)y^2}},$$

et, à cause de la similitude des deux ellipsoïdes, cette dernière expression revient à

$$4\pi\rho a h' h'' \int_0^{\frac{\mathrm{H}}{\mathrm{K}}} \frac{y^2 dy}{\sqrt{h^2 + (h'^2 - h^2)y^2}\,\sqrt{h^2 + (h''^2 - h^2)y^2}}.$$

L'attraction de la couche comprise entre les deux surfaces ellipsoïdales semblables et semblablement placées est donc

$$4\pi\rho a h' h'' \int_{\frac{\mathrm{H}}{\mathrm{K}}}^{\frac{h}{k}} \frac{y^2 dy}{\sqrt{h^2 + (h'^2 - h^2)y^2}\,\sqrt{h^2 + (h''^2 - h^2)y^2}}$$

Supposons que la couche soit infiniment mince, et nommons $\Delta\mathrm{A}$ la première composante de son attraction; nous aurons

$$\Delta\mathrm{A} = 4\pi\rho a h' h'' \frac{y^2 dy}{\sqrt{h^2 + (h'^2 - h^2)y^2}\,\sqrt{h^2 + (h''^2 - h^2)y^2}},$$

et alors y a la valeur déterminée $\frac{h}{k}$; et comme d'ailleurs

$$k^2 + h'^2 - h^2 = k'^2$$

et

$$k^2 + (h''^2 - h^2) = k''^2,$$

l'expression précédente revient à celle-ci

$$\Delta\mathrm{A} = 4\pi\rho a \frac{h' h''}{k' k''} d\,.\,\frac{h}{k}.$$

Le rapport $\frac{h}{k}$ est donné en fonction de h par l'équation

$$a^2\frac{h^2}{k^2}+\frac{b^2}{\frac{k^2}{h^2}+\left(\frac{h'^2}{h^2}-1\right)}+\frac{c^2}{\frac{k^2}{h^2}+\left(\frac{h''^2}{h^2}-1\right)}-h^2=0,$$

dans laquelle on doit regarder les quantités $\frac{h'^2}{h^2}$ et $\frac{h''^2}{h^2}$ comme constantes, puisque les surfaces qui limitent les couches sont semblables. Ne considérant donc dans cette équation que deux variables h et $\frac{h}{k}$, et différentiant, on trouve

$$d.\frac{h}{k}=\frac{dh}{k^3\left(\frac{a^2}{k^4}+\frac{b^2}{k'^4}+\frac{c^2}{k''^4}\right)};$$

d'où l'on tire

$$\Delta A=4\pi\rho a\frac{h'h''}{k^3k'k''}\cdot\frac{dh}{\left(\frac{a^2}{k^4}+\frac{b^2}{k'^4}+\frac{c^2}{k''^4}\right)}.$$

Mais si du centre on abaisse une perpendiculaire sur le plan qui touche, au point attiré, l'ellipsoïde auxiliaire dont k, k', k'' sont les demi-axes, qu'on désigne par p la longueur de cette perpendiculaire, et par α l'angle qu'elle fait avec le premier axe, on a

$$p=\frac{1}{\sqrt{\frac{a^2}{k^4}+\frac{b^2}{k'^4}+\frac{c^2}{k''^4}}},\qquad \cos\alpha=\frac{a}{k^2}\,\frac{1}{\sqrt{\frac{a^2}{k^4}+\frac{b^2}{k'^4}+\frac{c^2}{k''^4}}},$$

et par suite

$$\Delta A=4\pi\rho\frac{h'h''}{kk'k''}p\cos\alpha dh,$$

ou bien

$$\Delta A=4\pi\rho\frac{hh'h''}{kk'k''}p\cos\alpha\frac{dh}{h}.$$

Nommons de même ΔB et ΔC les deux autres composantes de l'attraction de la couche, et β et γ les angles que la perpendiculaire p fait avec les deux derniers axes. Comme d'ailleurs la couche est comprise entre deux surfaces semblables, on a

$$\frac{dh}{h} = \frac{dh'}{h'} = \frac{dh''}{h''},$$

et par conséquent

$$\Delta B = 4\pi\rho \frac{hh'h''}{kk'k''} p \cos\beta \frac{dh}{h}, \qquad \Delta C = 4\pi\rho \frac{hh'h''}{kk'k''} p \cos\gamma \frac{dh}{h}.$$

Les trois composantes de l'attraction de la couche étant proportionnelles aux cosinus des angles α, β, γ que fait avec les axes de coordonnées la ligne p, ou, ce qui revient au même, la normale à l'ellipsoïde auxiliaire, menée par le point attiré, il faut en conclure que l'attraction totale de la couche est dirigée suivant cette normale, et d'ailleurs elle a pour valeur

$$4\pi\rho \frac{h'h''}{kk'k''} p\,dh.$$

Supposons que le point attiré soit situé sur la couche; alors l'ellipsoïde auxiliaire se confond avec la surface de la couche, et l'attraction qui est dirigée suivant la normale a pour valeur

$$4\pi\rho p \frac{dh}{h}.$$

Mais, si l'on nomme $d\varepsilon$ l'épaisseur de la couche au point attiré, alors on aura

$$d\varepsilon = p\frac{dh}{h}$$

et

$$4\pi\rho p \frac{dh}{h} = 4\pi\rho\, d\varepsilon.$$

Ainsi l'attraction qu'une couche infiniment mince, comprise entre deux surfaces ellipsoïdales semblables et semblablement placées, exerce sur un point situé à sa surface extérieure, est proportionnelle à l'épaisseur de la couche en ce point.

On peut encore facilement déduire de l'expression précédente ce théorème remarquable :

Si l'on a deux couches infiniment minces, comprises chacune

entre deux surfaces ellipsoïdales semblables et semblablement placées, et si les surfaces externes des deux couches ont les mêmes foyers, les attractions de ces deux couches sur un même point extérieur s'exercent suivant la même droite et sont entre elles comme les masses des deux couches. (On suppose chaque couche homogène, mais de densité quelconque.)

Cherchons maintenant l'expression de l'attraction d'une couche hétérogène d'épaisseur finie, en supposant que la densité en chaque point soit une fonction quelconque de la distance de ce point au centre de la couche, divisée par le demi-diamètre de la surface externe sur lequel le point est situé, ce qui revient à dire que la couche est composée de couches élémentaires semblables et homogènes.

Reprenons l'expression trouvée précédemment pour ΔA,

$$\Delta A = 4\pi\rho a h' h'' \frac{y^2 dy}{\sqrt{h^2+(h'^2-h^2)y^2}\sqrt{h^2+(h''^2-h^2)y^2}}.$$

Dans cette expression, y a pour valeur $\frac{h}{k}$ et est lié avec h par l'équation

$$a^2y^2 + \frac{b^2}{\frac{1}{y^2}+\left(\frac{h'^2}{h^2}-1\right)} + \frac{c^2}{\frac{1}{y^2}+\left(\frac{h''^2}{h^2}-1\right)} - h^2 = 0.$$

Soient H, H′, H″ les demi-axes d'un ellipsoïde semblable à la surface externe de la couche; alors on a

$$\frac{H}{h} = \frac{H'}{h'} = \frac{H''}{h''};$$

et l'on peut remplacer les expressions précédentes par celles-ci :

$$\Delta A = 4\pi\rho a H' H'' \frac{y^2 dy}{\sqrt{H^2+(H'^2-H^2)y^2}\sqrt{H^2+(H''^2-H^2)y^2}}$$

et

$$\frac{a^2y^2}{H^2} + \frac{b^2}{\frac{H^2}{y^2}+(H'^2-H^2)} + \frac{c^2}{\frac{H^2}{y^2}+(H''^2-H^2)} - \frac{h^2}{H^2} = 0.$$

De là on tire

$$\frac{h}{H} = y\left[\frac{a^2}{H^2} + \frac{b^2}{H^2 + (H'^2 - H^2)y^2} + \frac{c^2}{H^2 + (H''^2 - H^2)y^2}\right]^{\frac{1}{2}}.$$

Par hypothèse, la densité de chaque couche élémentaire est constante et ne dépend que de son premier axe h ou, ce qui revient au même, de $\frac{h}{H}$; donc

$$\rho = F\left(\frac{h}{H}\right),$$

et par conséquent

$$\Delta A = 4\pi a H'H'' \frac{F\left\{y\left[\frac{a^2}{H^2} + \frac{b^2}{H^2 + (H'^2 - H^2)y^2} + \frac{c^2}{H^2 + (H''^2 - H^2)y^2}\right]^{\frac{1}{2}}\right\} y^2 dy}{\sqrt{H^2 + (H'^2 - H^2)y^2}\sqrt{H^2 + (H''^2 - H^2)y^2}}$$

et

$$y = \frac{h}{k}.$$

Maintenant, pour avoir la première composante de l'attraction d'une couche d'épaisseur finie terminée par des surfaces semblables et semblablement placées, il n'y a qu'à intégrer l'expression précédente entre des limites convenables. Soient donc H, H′, H″ les demi-axes de la surface externe de la couche, et K, K′, K″ les demi-axes de l'ellipsoïde de mêmes foyers qui passe par le point attiré.

Soient de même h, h', h'' et k, k', k'' les quantités analogues qui se rapportent à la surface interne; alors la première composante de l'attraction de la couche sera

$$A = 4\pi a H'H'' \int_{\frac{h}{k}}^{\frac{H}{K}} \frac{F\left\{y\left[\frac{a^2}{H^2} + \frac{b^2}{H^2 + (H'^2 - H^2)y^2} + \frac{c^2}{H^2 + (H''^2 - H^2)y^2}\right]^{\frac{1}{2}}\right\} y^2 dy}{\sqrt{H^2 + (H'^2 - H^2)y^2}\sqrt{H^2 + (H''^2 - H^2)y^2}}.$$

Maintenant, quand la forme de la fonction désignée par la caractéristique F sera donnée, il ne restera plus qu'à intégrer, par les méthodes connues, cette différentielle de la variable y. Nous considérerons le cas où la densité de chaque couche serait inversement proportionnelle au premier axe de la couche : c'est l'hypothèse adoptée, relativement à la terre, par Maclaurin, Clairaut, d'Alembert et la plupart des géomètres. Alors

$$\rho = \mathrm{F}\left(\frac{h}{\mathrm{H}}\right) = \frac{\mathrm{H}}{h} = y^{-1}\left[\frac{a^2}{\mathrm{H}^2} + \frac{b^2}{\mathrm{H}^2 + (\mathrm{H}'^2 - \mathrm{H}^2)y^2} + \frac{c^2}{\mathrm{H}^2 + (\mathrm{H}''^2 - \mathrm{H}^2)y^2}\right]^{-\frac{1}{2}},$$

et par conséquent

$$\mathrm{A} = 4\pi a \mathrm{H}\,\mathrm{H}'\mathrm{H}'' \int_{\frac{h}{k}}^{\frac{\mathrm{H}}{\mathrm{K}}} \frac{y\,dy}{\sqrt{a^2[\mathrm{H}^2+(\mathrm{H}'^2-\mathrm{H}^2)y^2][\mathrm{H}^2+(\mathrm{H}''^2-\mathrm{H}^2)y^2]+b^2\mathrm{H}^2[\mathrm{H}^2+(\mathrm{H}''^2-\mathrm{H}^2)y^2]+c^2\mathrm{H}^2[\mathrm{H}^2+(\mathrm{H}'^2-\mathrm{H}^2)y^2]}}.$$

Cette intégrale s'obtient immédiatement sous forme finie, car en posant

$$y^2 = t,$$

elle se réduit à la forme

$$\mathrm{A} = \mu \int \frac{dt}{\sqrt{\alpha + \beta t \pm t^2}}.$$

Or

$$\int \frac{dt}{\sqrt{\alpha + \beta t + t^2}} = \log\left\{\frac{\beta}{2} + t + \sqrt{\alpha + \beta t + t^2}\right\} + \text{constante},$$

et

$$\int \frac{dt}{\sqrt{\alpha + \beta t - t^2}} = \text{const.} - 2 \text{ arc tang} \frac{\sqrt{\alpha + \beta t - t^2} - \sqrt{\alpha}}{t},$$

ou bien

$$\int \frac{dt}{\sqrt{\alpha + \beta t - t^2}} = \text{const.} - \text{arc cos} \frac{2t - \beta}{\sqrt{\beta^2 + 4\alpha}},$$

suivant que α est positif ou négatif. Pour que la couche devienne l'ellipsoïde complet, il faudrait prendre o pour première limite de l'intégrale, car la surface interne de la couche devant alors se réduire à un point, h serait nul et k égal à la distance du centre de l'ellipsoïde au point attiré.

Attraction des sphéroïdes quelconques.

Nous savons qu'il suffit de calculer la somme V des quotients des molécules du corps attirant divisées respectivement par leurs distances au point attiré, pour en déduire la composante de l'attraction parallèle à une direction quelconque. En conservant les notations adoptées, nous avons

$$V = \int\int\int \frac{\rho' r'^2 dr'\, d\mu'\, d\omega'}{\sqrt{r^2 - 2rr'\left[\mu\mu' + \sqrt{1-\mu^2}\sqrt{1-\mu'^2}\cos(\omega - \omega')\right] + r'^2}};$$

d'ailleurs nous avons trouvé l'équation aux différences partielles

$$\text{(A)} \qquad \frac{d(1-\mu^2)\dfrac{dV}{d\mu}}{d\mu} + \frac{1}{1-\mu^2}\frac{d^2V}{d\omega^2} + r\frac{d^2rV}{dr^2} = 0 \quad \text{ou bien} \quad = -4\pi\rho r^2,$$

suivant que le point attiré est extérieur ou intérieur.

La valeur de V ne pouvant être généralement intégrée, on la réduit en série convergente, dont on tâche d'intégrer les termes séparément. Cette série sera naturellement ordonnée suivant les puissances du rapport $\frac{r'}{r}$ ou $\frac{r}{r'}$, et alors il faut distinguer deux cas : 1° quand le point attiré est extérieur, on a

$$\frac{r'}{r} < 1,$$

et l'on posera

$$f = r^{-1}\left\{1 - 2\frac{r'}{r}\left[\mu\mu' + \sqrt{1-\mu^2}\sqrt{1-\mu'^2}\cos(\omega-\omega')\right] + \frac{r'^2}{r^2}\right\}^{-\frac{1}{2}}$$
$$= \frac{P_0}{r} + \frac{P_1 r'}{r^2} + \frac{P_2 r'^2}{r^3} + \ldots + \frac{P_i r'^i}{r^{i+1}} + \text{etc.}\ldots;$$

2° quand le point attiré est intérieur, on considérera le sphéroïde comme composé de deux parties, dont l'une sera la sphère qui a son centre à l'origine et qui passe par le point attiré, et l'autre sera la partie du sphéroïde qui recouvre cette sphère. La partie de V qui se rapporte à la sphère est connue; ensuite, comme pour tous les points de l'autre partie on a

$$\frac{r}{r'} < 1,$$

on posera

$$f = r'^{-1}\left\{1 - 2\frac{r}{r'}[\mu\mu' + \sqrt{1-\mu^2}\sqrt{1-\mu'^2}\cos(\omega - \omega')] + \frac{r^2}{r'^2}\right\}^{-\frac{1}{2}}$$
$$= \frac{P_0}{r'} + \frac{P_1 r}{r'^2} + \frac{P_2 r^2}{r'^3} + \ldots + \frac{P_i r^i}{r'^{i+1}} + \text{etc.....}$$

Les quantités $P_0, P_1, P_2,..., P_i,...$ sont les mêmes dans les deux cas, et quel que soit i; P_i est une fonction rationnelle et entière du degré i des quantités $\mu\mu'$ et $\sqrt{1-\mu^2}\sqrt{1-\mu'^2}\cos(\omega - \omega')$. D'ailleurs, en substituant la valeur de V développée en série dans l'équation (A), on trouve

$$(a) \qquad \frac{d.(1-\mu^2)\frac{d.P_i}{d\mu}}{d\mu} + \frac{1}{1-\mu^2}\frac{d^2P_i}{d\omega^2} + i(i+1)P_i = 0.$$

Les fonctions de l'espèce de P_i jouissent de propriétés remarquables qu'il est utile de connaître :

Soient Y_i et Z_n des fonctions rationnelles et entières des quantités μ, $\sqrt{1-\mu^2}\sin\omega$, $\sqrt{1-\mu^2}\cos\omega$, la première du degré i, et l'autre du degré n. Je dis que, si elles satisfont séparément à l'équation (a), on aura toujours, quand n est différent de i,

$$\int\int Y_i Z_n d\mu\, d\omega = 0,$$

les intégrales devant être prises depuis $\mu = -1$, $\omega = 0$, jusqu'à $\mu = 1$, $\omega = 2\pi$. En effet, on a par hypothèse,

$$\frac{d.(1-\mu^2)\frac{dY_i}{d\mu}}{d\mu} + \frac{1}{1-\mu^2}\frac{d^2Y_i}{d\omega^2} + i(i+1)Y_i = 0,$$

et

$$\frac{d.(1-\mu^2)\frac{d.Z_n}{d\mu}}{d\mu} + \frac{1}{1-\mu^2}\frac{d^2Z_n}{d\omega^2} + n(n+1)Z_n = 0.$$

Maintenant, si l'on multiplie la première de ces équations par

$Z_n d\mu . d\omega$, et la seconde par $Y_i d\mu . d\omega$, et qu'on en tire les valeurs de $i(i+1)\int\int Y_i Z_n d\mu . d\omega$ et de $n(n+1)\int\int Y_i Z_n d\mu . d\omega$, en intégrant et tenant compte des limites, on trouve

$$i(i+1)\int\int Y_i Z_n d\mu d\omega = n(n+1)\int\int Y_i Z_n d\mu d\omega,$$

d'où l'on conclut, quand i est différent de n,

$$\int\int Y_i Z_n d\mu d\omega = 0.$$

Il nous faut maintenant calculer la fonction P_i ; comme elle est rationnelle, entière et du degré i par rapport aux quantités $\mu\mu'$ et $\sqrt{1-\mu^2}\sqrt{1-\mu'^2}\cos(\omega-\omega')$, on peut la développer suivant les cosinus des arcs multiples de $\omega-\omega'$; et d'ailleurs $\cos n(\omega-\omega')$ ne se trouvant que dans les puissances n, $n+2$, $n+4$, etc.,... de $\cos(\omega-\omega')$, il s'ensuit que, dans le développement de P_i, le terme qui contiendra $\cos n(\omega-\omega')$ sera de la forme

$$(1-\mu^2)^{\frac{n}{2}}(1-\mu'^2)^{\frac{n}{2}} H_n \cos n(\omega-\omega');$$

donc

$$P_i = H_0 + (1-\mu^2)^{\frac{1}{2}}(1-\mu'^2)^{\frac{1}{2}} H_1 \cos(\omega-\omega') + \ldots + (1-\mu^2)^{\frac{n}{2}}(1-\mu'^2)^{\frac{n}{2}} H_n \cos n(\omega-\omega') + \ldots$$

Maintenant substituons cette valeur de P_i dans l'équation (a), il vient

$$(f) \qquad \frac{d.\left[(1-\mu^2)\frac{dH_n}{d\mu}\right]}{d\mu} + (i-n)(i+n+1)(1-\mu^2)^n H_n = 0,$$

qui est une équation aux différences ordinaires. La quantité H_n est du degré $i-n$ et ne contient que des puissances de même parité; on peut donc poser

$$H_n = A_0\mu^{i-n} + A_1\mu^{i-n-2} + A_2\mu^{i-n-4} + \ldots + A_s\mu^{i-n-2s} + \ldots,$$

les quantités A_0, A_1, A_2,... étant des fonctions de μ'. En substituant cette valeur de H_n dans l'équation (f), on trouve entre deux coefficients consécutifs la relation

$$A_s = -\frac{(i-n-2s+2)(i-n-2s+1)}{2s(2i-2s+1)} A_{s-1};$$

ce qui fournit pour H_n

$$H_n=A_0\left[\mu^{i-n}-\frac{(i-n)(i-n-1)\mu^{i-n-2}}{2(2i-1)}+\ldots+(-1)^s\frac{(i-n)(i-n-1)\ldots(i-n-2s+1)}{2.4\ldots 2s(2i-1)(2i-3)\ldots(2i-2s+1)}\mu^{i-n-2s}+\ldots\right].$$

Mais, comme H_n doit contenir symétriquement μ et μ', on doit avoir

$$H_n=\beta_n\left[\mu^{i-n}-\frac{(i-n)(i-n-1)\mu^{i-n-2}}{2(2i-1)}+\ldots+(-1)^s\frac{(i-n)(i-n-1)\ldots(i-n-2s+1)}{2.4\ldots 2s(2i-1)(2i-3)\ldots(2i-2s+1)}\mu^{i-n-2s}+\ldots\right]$$
$$\times\left[\mu'^{i-n}-\frac{(i-n)(i-n-1)\mu'^{i-n-2}}{2(2i-1)}+\ldots+(-1)^s\frac{(i-n)(i-n-1)\ldots(i-n-2s+1)}{2.4\ldots 2s(2i-1)(2i-3)\ldots(2i-2s+1)}\mu'^{i-n-2s}+\ldots\right];$$

β_n est un coefficient numérique qu'il faut déterminer. Pour cela nous remarquons que, quand $i-n$ est pair, H_n a une partie indépendante de μ et μ', qui est

$$\beta_n\left[\frac{1.3.5\ldots(i-n-1)1.3.5\ldots(i+n-1)}{1.3.5\ldots(2i-1)}\right]^2,$$

et quand $i-n$ est impair, H_n contient une partie affectée du produit $\mu\mu'$, qui est

$$\beta_n\mu\mu'\left[\frac{1.3.5\ldots(i-n)1.3.5\ldots(i+n)}{1.3.5\ldots(2i-1)}\right]^2.$$

D'un autre côté, si dans le radical (f) nous négligeons les puissances de μ et μ' supérieures à la première, nous aurons pour partie indépendante et pour partie affectée du produit $\mu\mu'$

$$[r^2-2rr'\cos(\omega-\omega')+r'^2]^{-\frac{1}{2}}$$

et

$$rr'\mu\mu'[r^2-2rr'\cos(\omega-\omega')+r'^2]^{-\frac{3}{2}}.$$

Développons chacune de ces quantités suivant les puissances croissantes de $\frac{r}{r'}$, et dans P_i, qui est le coefficient de $\frac{r'^i}{r^{i+1}}$, cherchons le multiplicateur de $\cos n(\omega-\omega')$. Pour cela, nous décomposerons la quantité à développer en deux facteurs imaginaires,

$$[r^2-2rr'\cos(\omega-\omega')+r'^2]^{-\frac{1}{2}}=r^{-1}\left[1-\frac{r'}{r}e^{(\omega-\omega')\sqrt{-1}}\right]^{-\frac{1}{2}}\left[1-\frac{r'}{r}e^{-(\omega-\omega')\sqrt{-1}}\right]^{-\frac{1}{2}}.$$

En développant chaque facteur et multipliant les deux séries, on trouve dans le coefficient de $\frac{r'^i}{r^{i+1}}$, pour multiplicateur de cos $n(\omega - \omega')$, la quantité

$$2 \cdot \frac{1.3.5\ldots(i-n-1)1.3.5\ldots(i+n-1)}{2.4.6\ldots(i-n)2.4.6\ldots(i+n)}.$$

Alors, quand $i - n$ est pair, on a, pour calculer β_n, l'équation

$$\beta_n \left[\frac{1.3.5\ldots(i-n-1)1.3.5\ldots(i+n-1)}{1.3.5\ldots(2i-1)}\right]^2 = 2 \cdot \frac{1.3.5\ldots(i-n-1)1.3.5\ldots(i+n-1)}{2.4.6\ldots(i-n)2.4.6\ldots(i+n)},$$

qui donne

$$\beta_n = 2\left[\frac{1.3.5\ldots(2i-1)}{1.2.3.4\ldots i}\right]^2 \frac{i(i-1)\ldots(i-n+1)}{(i+1)(i+2)\ldots(i+n)}.$$

On supprimerait le facteur 2 si n égalait zéro. Dans le cas où $i - n$ est impair, on suivra une marche pareille, et l'on trouvera la même valeur pour β_n. Maintenant nous avons le terme général de P_i développé suivant les cosinus des arcs multiples de l'arc $\omega - \omega'$. Ainsi cette fonction est connue, et par là même le développement de V en série ordonnée suivant les puissances de $\frac{r'}{r}$.

Maintenant nous considérerons les sphéroïdes qui diffèrent peu de la sphère.

L'origine des coordonnées étant au centre de la sphère, de rayon a, qui diffère peu du sphéroïde, nous pourrons poser

$$r' = a(1 + \alpha y'),$$

α étant une quantité positive très-petite dont on néglige les puissances supérieures à la première, et y' une fonction de μ' et ω'. Rappelons la valeur de V, pour le cas où le point attiré est extérieur,

$$V = \int\int\int \rho' r'^2 dr' d\mu' d\omega' \left[\frac{P_0}{r} + \frac{P_1 r'}{r^2} + \frac{P_2 r'^2}{r^3} + \ldots + \frac{P_i r'^i}{r^{i+1}} + \text{etc.}\ldots\right].$$

Supposons que le sphéroïde soit homogène et $\rho' = 1$; alors on intégrera par rapport à r' depuis $r' = 0$ jusqu'à $r' = a(1 + \alpha y')$, et l'on aura pour le terme général

$$\frac{1}{r^{i+1}}\int\int\int P_i r'^{i+2}dr'd\mu'd\omega' = \frac{a^{i+3}}{(i+3)r^{i+1}}\int\int P_i[1+(i+3)\alpha y']d\mu'd\omega'$$
$$= \frac{\alpha a^{i+3}}{r^{i+1}}\int\int P_i y'd\mu'd\omega';$$

car, en vertu du théorème général, quand i est différent de zéro, on a

$$\int\int P_i d\mu'd\omega' = 0.$$

Si $i=0$, comme $P_0 = 1$, il vient

$$\frac{1}{r}\int\int\int P_0 r'^2 dr'd\mu'd\omega' = \frac{a^3}{3r}\int\int(1+3\alpha y')d\mu'd\omega = \frac{4\pi a^3}{3r} + \frac{a^3\alpha}{r}\int\int y'd\mu'd\omega',$$

de manière que

$$(a) \qquad V = \frac{4\pi a^3}{3r} + \frac{\alpha a^3}{r}\sum_0^\infty\left[\frac{a^i}{r^i}\int\int P_i y'd\mu'd\omega'\right].$$

Maintenant, si le point attiré est intérieur, nous partagerons le sphéroïde en deux parties, dont une sera la sphère qui diffère peu du sphéroïde, et l'autre sera l'excès du sphéroïde sur la sphère. La partie de V qui se rapporte à cet excès doit être développée suivant les puissances croissantes de $\frac{r}{r'}$, et l'on a

$$V = \int\int\int \rho' r'^2 dr'd\mu'd\omega'\left[\frac{P_0}{r'} + P_1\frac{r}{r'^2} + P_2\frac{r^2}{r'^3} + \ldots + P_i\frac{r^i}{r'^{i+1}} + \text{etc.}\ldots\right].$$

Soit encore $\rho'=1$, et intégrons depuis $r'=a$ jusqu'à $r'=a(1+\alpha y')$; nous aurons pour terme général

$$r^i\int\int\int\frac{P_i dr'd\mu'd\omega'}{r'^{i-1}} = -\frac{r^i}{(i-2)}\int\int\frac{P_i d\mu'd\omega'}{r'^{i-2}} = \frac{\alpha r^i}{a^{i-2}}\int\int P_i y'd\mu'd\omega'.$$

D'ailleurs on sait que la partie de V qui se rapporte à la sphère est

$$2\pi a^2 - \frac{2\pi r^2}{3};$$

alors la valeur totale de V sera

$$(b) \qquad V = 2\pi a^2 - \frac{2\pi r^2}{3} + \alpha a^2\sum_0^\infty\left[\frac{r^i}{a^i}\int\int P_i y'd\mu'd\omega'\right].$$

Si maintenant le point attiré est à la surface du sphéroïde, et qu'on ait

$$r = a(1 + \alpha y),$$

on ne saura de laquelle des deux formules (a) ou (b) on doit se servir, ou plutôt il ne sera rigoureusement permis de se servir ni de l'une ni de l'autre; car la première suppose r supérieur à la plus grande valeur de r', et la seconde suppose r moindre que la plus petite valeur de r'. Mais d'abord l'hypothèse $r = a(1 + \alpha y)$ rend les formules (a) et (b) identiques. Ainsi il est indifférent d'employer l'une ou l'autre. D'un autre côté, comme dans ce cas la sphère qui a son centre à l'origine et qui passe par le point attiré coupe généralement la surface du sphéroïde, il faudrait distinguer les directions de r' pour lesquelles on a

$$a(1 + \alpha y') < r$$

de celles pour lesquelles on a

$$a(1 + \alpha y') > r.$$

Si nous désignons par $\int_1$ l'intégrale double relative aux valeurs de μ' et ω' qui se rapportent aux premières directions, et par $\int_2$ l'intégrale qui se rapporte aux autres, la valeur de V qu'il faudrait prendre sera

$$\begin{aligned} V = & \sum_0^\infty \left[\frac{1}{r^{i+1}} \int_1 P_i \, d\mu' d\omega' \int_0^{a(1+\alpha y')} r'^{i+2} dr' \right] \\ & + \sum_0^\infty \left[\frac{1}{r^{i+1}} \int_2 P_i \, d\mu' d\omega' \int_0^{a} r'^{i+2} dr' \right] \\ & + \sum_0^\infty \left[r^i \int_2 P_i \, d\mu' d\omega' \int_a^{a(1+\alpha y')} \frac{dr'}{r'^{i-1}} \right], \end{aligned}$$

ce qui revient à

$$\begin{aligned} V = & \sum_0^\infty \left[\frac{1}{r^{i+1}} \int P_i \, d\mu' d\omega' \int_0^{a} r'^{i+2} dr' \right] && = \frac{4\pi a^3}{3r} \\ & + \sum_0^\infty \left[\frac{1}{r^{i+1}} \int_1 P_i \, d\mu' d\omega' \int_0^{a(1+\alpha y')} r'^{i+2} dr' \right] && = \sum_0^\infty \left[\frac{\alpha a^{i+3}}{r^{i+1}} \int_1 P_i y' d\mu' d\omega' \right] \\ & + \sum_0^\infty \left[r^i \int_2 P_i \, d\mu' d\omega' \int_a^{a(1+\alpha y')} \frac{dr'}{r'^{i-1}} \right] && = \sum_0^\infty \left[\frac{\alpha r^i}{a^{i-2}} \int_2 P_i y' d\mu' d\omega' \right], \end{aligned}$$

et donne en définitive

$$V = \frac{4\pi a^3}{3r} + \frac{\alpha a^3}{r} \sum_0^\infty \left[\frac{a^i}{r^i} \int_1 P_i y' d\mu' d\omega' \right] + \alpha a^2 \sum_0^\infty \left[\frac{r^i}{a^i} \int_2 P_i y' d\mu' d\omega' \right].$$

Maintenant, je vais démontrer que cette valeur de V ne diffère de celle qui est fournie par la formule (a), que d'une quantité du même ordre de grandeur que α^2, et par conséquent négligeable. En effet, la différence est

$$a^2\alpha\left[\sum_0^\infty\left(\frac{a^{i+1}}{r^{i+1}}\int_2 P_i y' d\mu' d\omega'\right) - \sum_0^\infty\left(\frac{r^i}{a^i}\int_2 P_i y' d\mu' d\omega'\right)\right] =$$

$$= a^2\alpha\sum_0^\infty\left[\left(\frac{a^{i+1}}{r^{i+1}}-\frac{r^i}{a^i}\right)\int_2 P_i y' d\mu' d\omega'\right] = -a^2\alpha^2 y\sum_0^\infty\left[(2i+1)\int_2 P_i y' d\mu' d\omega'\right].$$

On peut donc, quand le point attiré est à la surface du sphéroïde, prendre pour la valeur de V celle qui est représentée par la formule (a), et si l'on pose

$$\iint P_i y' d\mu' d\omega' = U_i,$$

il vient

$$V = \frac{4\pi a^2}{3}(1-\alpha y) + a^2\alpha(U_0 + U_1 + U_2 + \ldots),$$

et

$$-\frac{dV}{dr} = \frac{4\pi a}{3}(1-2\alpha y) + a\alpha(U_0 + 2U_1 + 3U_2 + \ldots).$$

D'ailleurs nous allons démontrer qu'on a dans le cas actuel une équation bien simple entre V et $\frac{dV}{dr}$, et cette équation va nous permettre de calculer les fonctions U_0, U_1, U_2, etc., sans faire d'intégrations.

En effet, partageons le sphéroïde en deux parties, la sphère de rayon a, et l'excès du sphéroïde sur cette sphère. Si l'on appelle u la partie de V qui se rapporte à l'excès, on aura

$$V = \frac{4\pi a^3}{3r} + u$$

et

$$-\frac{dV}{dr} = \frac{4\pi a^3}{3r^2} - \frac{du}{dr},$$

puis en multipliant la dernière équation par $2r$ et la retranchant, il vient

$$V + 2r\frac{dV}{dr} = -\frac{4\pi a^3}{3r} + u + 2r\frac{du}{dr}.$$

Mais en appelant dm' l'un des éléments de u, et f sa distance au point attiré, comme il ne s'agit que d'une quantité de l'ordre α, si l'on pose

$$\gamma = \cos(r', r),$$

on pourra prendre

$$f = \sqrt{r^2 - 2ar\gamma + a^2},$$

et

$$u = \int \frac{dm'}{f},$$

ce qui donne

$$\frac{du}{dr} = -\int dm' \frac{\frac{df}{dr}}{f^2} = -\int dm' \frac{r - a\gamma}{f^3},$$

et

$$u + 2r\frac{du}{dr} = -\int dm' \frac{r^2 - a^2}{f^3};$$

en mettant à la place de dm' l'expression $r'^2 dr' d\mu' d\omega'$, et intégrant par rapport à r', depuis $r' = a$ jusqu'à $r' = a(1 + \alpha y')$, il vient

$$u + 2r\frac{du}{dr} = -a^3\alpha \int\int \frac{(r^2 - a^2) y' d\mu' d\omega'}{f^3}.$$

La partie de cette intégrale qui correspond à des valeurs finies de f est très-petite comparativement à l'autre, à cause du facteur $(r^2 - a^2)$. On peut donc la négliger, et ne considérer que la partie qui correspond aux valeurs infiniment petites de f; et pour ces dernières valeurs de f, on peut regarder y' comme constant et égal à y; donc

$$\int\int \frac{(r^2 - a^2) y' d\mu' d\omega'}{f^3} = (r^2 - a^2) y \int\int \frac{d\mu' d\omega'}{f^3},$$

et l'on peut donner à cette dernière intégrale les anciennes limites.

Maintenant, pour faciliter les intégrations, nous compterons les angles θ' à partir de la droite qui va du centre de la sphère au point attiré. Alors

$$\mu = 1 \quad \text{et} \quad \gamma = \mu',$$

d'où

$$\int\int \frac{d\mu' d\omega'}{f^3} = 2\pi \int \frac{d\mu'}{(r^2 - 2ar\mu' + a^2)^{\frac{3}{2}}} = \frac{4\pi}{r(r^2 - a^2)},$$

et alors

$$u + 2a \frac{du}{dr} = - \frac{4\pi a^3 \alpha y}{r} = - 4\pi a^2 \alpha y.$$

Maintenant, si l'on reporte cette valeur dans l'équation qui a lieu entre V et sa dérivée $\frac{dV}{dr}$, et qu'on y remplace r par $a(1 + \alpha y)$, on trouve

$$V + 2a \frac{dV}{dr} + \frac{4\pi a^2}{3} = 0;$$

c'est l'équation remarquable que nous avions annoncée.

Maintenant substituons dans cette dernière équation les valeurs de V et de $\frac{dV}{dr}$ tirées des équations (c); il vient

$$4\pi y = U_0 + 3U_1 + 5U_2 + \ldots + (2i + 1)U_i + \text{etc.}\ldots$$

Les quantités $U_0, U_1, U_2, \ldots, U_i, \ldots$ sont comprises sous la définition des quantités $Y_0, Y_1, Y_2, \ldots, Y_i, \ldots$; on a donc

$$y = Y_0 + Y_1 + Y_2 + \ldots + Y_i + \ldots$$

et

$$Y_i = \frac{2i+1}{4\pi} U_i;$$

d'ailleurs

$$U_i = \int\int P_i y' d\mu' d\omega' = \int\int P_i d\mu' d\omega' (Y'_0 + Y'_1 + \ldots + Y'_i + \ldots) = \int\int P_i Y'_i d\mu' d\omega';$$

ainsi

$$\int\int P_i Y'_i d\mu' d\omega' = \frac{4\pi}{2i+1} Y_i.$$

C'est une nouvelle propriété de la fonction Y_i qui prouve que y n'admet qu'un seul développement de la forme indiquée, puisque, si l'on supposait deux développements

$$y = Y_0 + Y_1 + Y_2 + \ldots + Y_i + \ldots$$

et

$$y = Z_0 + Z_1 + Z_2 + \ldots + Z_i,$$

on aurait

$$\int\int P_i y' d\mu' d\omega' = \frac{4\pi}{2i+1} Y_i = \frac{4\pi}{2i+1} Z_i,$$

d'où

$$Y_i = Z_i.$$

Si, dans les expressions de V et de $\frac{dV}{dr}$ relatives à l'attraction des sphéroïdes sur les points extérieurs, on remplace les fonctions U par les fonctions Y, il vient :

1°. Pour les points extérieurs,

$$(n)\quad\left\{\begin{aligned} V &= \frac{4\pi a^3}{3r} + \frac{4\pi a^3\alpha}{r}\left[Y_0 + \frac{a}{3r}Y_1 + \frac{a^2}{5r^2}Y_2 + \ldots + \frac{a^i}{(2i+1)r^i}Y_i + \text{etc}\ldots\right] \\ -\frac{dV}{dr} &= \frac{4\pi a^3}{3r^2} + \frac{4\pi a^3\alpha}{r^2}\left[Y_0 + \frac{2a}{3r}Y_1 + \frac{3a^2}{5r^2}Y_2 + \ldots + \frac{(i+1)a^i}{(2i+1)r^i}Y_i + \text{etc}\ldots\right].\end{aligned}\right.$$

2°. Pour les points intérieurs,

$$(p)\quad\left\{\begin{aligned} V &= 2\pi a^2 - \frac{2\pi r^2}{3} + 4\pi a^2\alpha\left[Y_0 + \frac{r}{3a}Y_1 + \frac{r^2}{5a^2}Y_2 + \ldots + \frac{r^i}{(2i+1)a^i}Y_i + \ldots\right] \\ -\frac{dV}{dr} &= \frac{4\pi r}{3} - 4\pi a^2\alpha\left[\frac{1}{3a}Y_1 + \frac{2r}{5a^2}Y_2 + \ldots + \frac{ir^{i-1}}{(2i+1)a^i}Y_i + \text{etc}\ldots\right].\end{aligned}\right.$$

Maintenant, il nous reste à calculer les quantités $Y_0, Y_1, Y_2, \ldots, Y_i, \ldots$; mais, avant cela, démontrons qu'on peut en annuler quelques-unes en disposant convenablement du rayon a et de la position de l'origine. D'abord, M étant la masse du sphéroïde, on a

$$M = \iiint r'^2\,dr'\,d\mu'\,d\omega' = \frac{1}{3}\iint r'^3\,d\mu'\,d\omega'\,;$$

et comme $r'^3 = a^3(1 + 3\alpha y')$, et que $\iint d\mu'\,d\omega' = 4\pi$, nous aurons

$$M = \frac{4\pi a^3}{3} + a^3\alpha\iint y'\,d\mu'\,d\omega' = \frac{4\pi a^3}{3} + a^3\alpha\iint d\mu'\,d\omega'\,(Y_0 + Y_1 + \ldots);$$

ou bien encore, à cause du théorème général relatif à Y_i,

$$M = \frac{4\pi a^3}{3} + a^3\alpha 4\pi Y_0.$$

Mais alors, si l'on prend pour a le rayon de la sphère équivalente au sphéroïde, on aura

$$Y_0 = 0.$$

Maintenant voyons Y_1. On a généralement

$$Y_1 = \frac{3}{4\pi}\int\int P_1 Y'_1 d\mu' d\omega' = \frac{3}{4\pi}\int\int P_1 y' d\mu' d\omega',$$

$$P_1 = c\mu' + c'\sqrt{1-\mu'^2}\sin\omega' + c''\sqrt{1-\mu'^2}\cos\omega'.$$

D'ailleurs on a déjà trouvé, pour l'élément dm' de l'excès du sphéroïde sur la sphère,

$$dm' = a^3\alpha . y' d\mu' d\omega'.$$

On peut donc toujours présenter Y_1 sous la forme

$$Y_1 = C\int a\mu' dm' + C'\int a\sqrt{1-\mu'^2}\sin\omega' dm' + C''\int a\sqrt{1-\mu'^2}\cos\omega' dm',$$

les quantités c, c', c'', C, C', C'' étant des constantes. Maintenant, si l'on conçoit trois plans coordonnés rectangulaires, dont les deux premiers se coupent suivant l'axe à partir duquel on compte les angles θ', les trois intégrales de l'expression précédente sont, aux quantités près de l'ordre α, les moments respectifs du sphéroïde, relativement aux trois plans coordonnés; donc, si l'on prend pour origine le centre de gravité du sphéroïde, les trois intégrales sont nulles, et l'on aura

$$Y_1 = 0.$$

De là on conclut encore ce théorème :

Pour qu'un point situé à l'intérieur d'une couche sphéroïdale soit également attiré dans tous les sens, il faut et il suffit, si la surface interne est elliptique, que la surface externe le soit aussi, et de plus qu'elle soit semblable et semblablement située. En effet, a et a' étant les rayons des sphères équivalentes aux deux sphéroïdes dont la couche est la différence, et l'origine étant au centre de gravité du premier sphéroïde, on a, pour la valeur de V relative à la couche,

$$2\pi(a'^2 - a^2) + 4\pi\alpha\left[\frac{a'r}{3}Y'_1 + \frac{r^2}{5}(Y'_2 - Y_2) + \ldots + \frac{r^i}{2i+1}\left(\frac{Y'_i}{a'^{i-2}} - \frac{Y_i}{a^{i-2}}\right)\ldots\right];$$

et, pour que cette quantité soit indépendante de r, il faut

$$Y'_1 = 0,$$

et, en général,

$$\frac{Y'_i}{a^{i-2}} = \frac{Y_i}{a^{i-2}}.$$

Maintenant nous pouvons chercher la forme la plus générale de la fonction Y_i. Cette fonction de μ, $\sqrt{1-\mu^2}\sin\omega$ et $\sqrt{1-\mu^2}\cos\omega$ est rationnelle et entière du degré i, et satisfait à l'équation

$$\frac{d.(1-\mu^2)\frac{dY_i}{d\mu}}{d\mu} + \frac{1}{1-\mu^2}\frac{d^2Y_i}{d\omega^2} + i(i+1)Y_i = 0.$$

Alors on peut la développer suivant les sinus et les cosinus des arcs multiples de ω. Si l'on nomme K_n le coefficient de $\cos n\omega$ ou de $\sin n\omega$, on trouve facilement

$$K_n = A_n(1-\mu^2)^{\frac{n}{2}}\left[\mu^{i-n} - \frac{(i-n)(i-n-1)}{2(2i-1)}\mu^{i-n-2} + \frac{(i-n)(i-n-1)(i-n-2)(i-n-3)}{2.4.(2i-1)(2i-3)}\mu^{i-n-4} + \text{etc}\ldots\right],$$

et la partie de Y_i qui contiendra l'angle $n\omega$ sera donc

$$(1-\mu^2)^{\frac{n}{2}}\left[\mu^{i-n} - \frac{(i-n)(i-n-1)}{2(2i-1)}\mu^{i-n-2} + \ldots\right](A_n\cos n\omega + B_n\sin n\omega).$$

A_n et B_n sont deux constantes arbitraires. Si maintenant on donne à n successivement les valeurs $0, 1, 2, 3, \ldots, i$, et qu'on ajoute les résultats, on aura Y_i, qui renfermera $(2i+1)$ constantes arbitraires. Si ensuite on donne successivement à i les valeurs $0, 1, 2, 3, \ldots, s$, on aura les fonctions Y_0, Y_1, $Y_2, \ldots, Y_s$, et leur somme renfermera $(s+1)^2$ constantes arbitraires.

Si maintenant on a une fonction S, rationnelle, entière et du degré s, des coordonnées rectangulaires x, y, z, comme elles sont liées aux coordonnées polaires par les relations $x = r\mu$, $y = r\sqrt{1-\mu^2}\cos\omega$, $z = r\sqrt{1-\mu^2}\sin\omega$, en substituant ces valeurs dans S, elle deviendra une fonction rationnelle, entière et du degré s de ces nouvelles variables. On pourra développer cette fonction suivant les sinus et les cosinus des arcs multiples de ω. Et si la fonction S est la plus générale de son degré, le multiplicateur de $\sin n\omega$ ou de cos $n\omega$ sera de la forme

$$(1-\mu^2)^{\frac{n}{2}}(A_0\mu^{s-n}+A_1\mu^{s-n-1}+A_2\mu^{s-n-2}+\ldots).$$

La partie affectée de l'arc $n\omega$ contiendra donc $2(s-n+1)$ constantes arbitraires. La fonction S en contiendra donc en tout $(s+1)^2$. D'ailleurs la somme $Y_0+Y_1+Y_2+\ldots+Y_s$ en contient le même nombre; donc le développement de S en une série de cette dernière forme est possible. Pour l'effectuer, on retranchera de S l'expression la plus générale de Y_s, et l'on disposera des arbitraires de cette dernière fonction pour que la différence $S-Y_s$ ne soit plus qu'une fonction S' du degré $s-1$. On retranchera ensuite de S' l'expression la plus générale de Y_{s-1}, et l'on disposera des arbitraires de cette dernière fonction pour que le reste ne soit plus que du degré $s-2$, et ainsi de suite.

Maintenant considérons le cas d'un sphéroïde hétérogène, mais composé de couches homogènes à peu près sphériques, et représentées par des équations telles que $r=a(1+\alpha y)$; en chaque point la densité ρ et y seront des fonctions de a, et dans le cas où le point attiré est extérieur, on a

$$V=\frac{4\pi}{3r}\int \rho d.a^3+\frac{4\pi\alpha}{r}\int \rho d.\left(a^3Y_0+\frac{a^4}{3r}Y_1+\text{etc.}\ldots\right).$$

Si le point attiré est intérieur, on partage le sphéroïde en deux parties, dont une sera le sphéroïde limité à la couche où se trouve le point attiré, et l'autre le surplus. La valeur de V qui se rapporte à la première partie s'obtiendra par la formule précédente, en intégrant depuis o jusqu'à la couche à laquelle appartient le point attiré, et l'autre se déduira de l'équation (p); on aura alors

$$V=\frac{4\pi}{3r}\int \rho d.a^3+\frac{4\pi\alpha}{r}\int \rho d.\left(a^3Y_0+\frac{a^4}{3r}Y_1+\text{etc.}\ldots\right)$$
$$+2\pi\int \rho d.a^2+4\pi\alpha\int \rho d.\left(a^2Y_2+\frac{ar}{3}Y_1+\ldots\right).$$

Dans cette formule, les deux premières intégrales doivent se prendre, comme nous l'avons dit, depuis l'origine jusqu'à la couche où se trouve le point attiré, et les deux dernières, depuis cette couche jusqu'à la surface externe du sphéroïde considéré.

Figure des planètes, et pesanteur à la surface d'un ellipsoïde.

Quand on veut déterminer analytiquement la forme des planètes, on les suppose primitivement fluides et douées d'un mouvement de rotation. Chaque molécule est alors soumise aux attractions de toutes les autres et à la force centrifuge, et les équations d'équilibre doivent déterminer la forme extérieure. Si l'on donnait, en effet, les composantes de l'attraction sur chaque molécule, on en déduirait la forme extérieure, comme réciproquement on déterminerait les attractions si, la masse étant homogène, on connaissait cette forme. Mais les attractions dépendant de la figure, et la figure dépendant des attractions, le problème paraît fort difficile à résoudre, et l'on se contente généralement de vérifier si certaines formes sont compatibles avec l'équilibre, ou bien l'on s'appuie sur le fait fourni par l'observation, et qui consiste en ce que la forme actuelle des planètes diffère peu de celle de la sphère; en négligeant alors le carré de cette différence, on démontre que la forme d'équilibre est celle de l'ellipsoïde de révolution.

Ici, je chercherai si les conditions d'équilibre d'une masse fluide homogène peuvent être remplies par un ellipsoïde qui tourne autour d'un de ses axes de figure, et ensuite quels seraient les sphéroïdes peu différents de la sphère qui pourraient satisfaire aux mêmes conditions.

Soient h, h', h'' les demi-axes d'un ellipsoïde, x, y, z les coordonnées d'un point de la surface; les composantes de son attraction sur ce point seront $A'x$, $B'y$, $C'z$, les quantités A', B', C' étant indépendantes de x, y, z. Soit encore n la vitesse angulaire de rotation; la force centrifuge, qui agit suivant le rayon d'un cercle perpendiculaire à l'axe de rotation, aura pour valeur absolue $n^2\sqrt{y^2+z^2}$, et ses composantes, parallèles aux axes h' et h'', seront $-n^2y$ et $-n^2z$. D'ailleurs, l'équilibre exige que la résultante de toutes les forces soit dirigée suivant la normale, ce qui donne

$$A'xdx + (B'-n^2)ydy + (C'-n^2)zdz = 0,$$

ou bien

$$A'x^2 + (B'-n^2)y^2 + (C'-n^2)z^2 = k.$$

Eh bien, il doit exister une valeur de k qui rende cette équation identique à celle de la surface $\left(\frac{x^2}{h^2}+\frac{y^2}{h'^2}+\frac{z^2}{h''^2}=1\right)$, si cette dernière satisfait à l'équilibre; cela donne les deux conditions

$$\frac{A'}{B'-n^2}=\frac{h'^2}{h^2} \quad \text{et} \quad \frac{A'}{C'-n^2}=\frac{h''^2}{h^2}.$$

Éliminons n^2, et remplaçons A', B', C' par les valeurs trouvées précédemment, nous aurons la relation qui doit exister entre les trois demi-axes pour que l'équilibre puisse avoir lieu avec une vitesse de rotation convenable. On a ainsi, d'abord,

$$B'-C'=\frac{A'h^2(h''^2-h'^2)}{h'^2h''^2}=\frac{A'(\lambda'^2-\lambda^2)}{(1+\lambda^2)(1+\lambda'^2)},$$

puis

$$(\lambda'^2-\lambda^2)\int_0^1 \frac{x^2(1-x^2)(1-\lambda^2\lambda'^2x^2)dx}{(1+\lambda^2x^2)^{\frac{3}{2}}(1+\lambda'^2x^2)^{\frac{3}{2}}}=0.$$

On y satisfait en posant

$$\lambda^2=\lambda'^2,$$

et alors l'ellipsoïde est de révolution autour de l'axe de rotation, ou bien en posant

$$\int_0^1 \frac{x^2(1-x^2)(1-\lambda^2\lambda'^2x^2)dx}{(1+\lambda^2x^2)^{\frac{3}{2}}(1+\lambda'^2x^2)^{\frac{3}{2}}}=0,$$

ce qui indique que l'équilibre pourrait avoir lieu avec un ellipsoïde à trois axes inégaux. D'ailleurs, quelque valeur que l'on donne à λ, il est évident qu'il y aura toujours une valeur de λ' qui vérifiera cette équation; car, en y faisant $\lambda' = o$, on a un résultat positif, et en y faisant $\lambda' = \infty$, le résultat est négatif. Cependant, il faut qu'on ait $\lambda\lambda' > 1$, puisque autrement tous les éléments de l'intégrale seraient positifs. Cette condition, qui revient à $\frac{1}{h^2} > \frac{1}{h'^2} + \frac{1}{h''^2}$, montre que les demi-axes de l'équateur sont tous les deux plus grands que celui autour duquel se fait la rotation, et, en même temps, elle établit entre eux une inégalité beaucoup plus grande que celles qu'on observe dans notre système planétaire.

Maintenant, puisque les quantités λ et λ' peuvent prendre toute espèce de grandeur, et que le produit $\lambda\lambda' > 1$, il est naturel de se demander si ce produit a pour limite inférieure 1 ou un nombre > 1, et ensuite s'il a une limite supérieure. Il convient de même de chercher si la différence $\lambda - \lambda'$, qu'on peut regarder comme positive, doit être comprise entre des limites déterminées, ou si elle peut prendre une valeur quelconque. Je pose

$$\lambda\lambda' = p, \quad \lambda - \lambda' = \tau,$$

et alors l'équation précédente devient

$$(1) \qquad \int_0^1 \frac{x^2(1-x^2)(1-p^2x^2)\,dx}{[(1+px^2)^2+\tau^2x^2]^{\frac{5}{2}}} = o.$$

Il est d'abord évident qu'on peut donner une valeur quelconque à τ, et qu'il existera toujours une valeur de p qui vérifiera l'équation (1); car, quel que soit τ, en faisant $p = 1$, puis $p = \infty$, on a des résultats de signes contraires.

Faisons $\tau = o$, l'équation (1) devient

$$(2) \qquad \int_0^1 \frac{x^2(1-x^2)(1-p^2x^2)\,dx}{(1+px^2)^5} = o;$$

on l'intègre facilement, et l'on obtient

$$\text{arc tang}\sqrt{p} = \frac{3\sqrt{p}+13p\sqrt{p}}{3+14p+3p^2}.$$

En posant

$$q = \text{arc tang}\sqrt{p} - \frac{3\sqrt{p} + 13p\sqrt{p}}{3 + 14p + 3p^2},$$

on trouve

$$\frac{dq}{dp} = \frac{8p^2(3p^2 - 2p - 1)}{\sqrt{p}(1 + p)(3 + 14p + 3p^2)^2}.$$

Pendant que p varie depuis 1 jusqu'à ∞, la dérivée étant toujours positive, la fonction q est toujours croissante; d'ailleurs les valeurs correspondantes à $p = 1$ et à $p = \infty$ sont $\frac{1}{4}(\pi - 3\frac{1}{5})$, qui est négatif, et $\frac{1}{2}\pi$. Donc, entre ces limites il y a une valeur, et une seule p_0, qui annule q, et qui ainsi satisfait à l'équation (2). Maintenant, je dis que p a pour limite inférieure cette valeur p_0, qui diffère peu de 2, et qu'il n'a pas de limite supérieure.

Posons

$$V = \int_0^1 \frac{x^2(1 - x^2)(1 - p^2x^2)\,dx}{[(1 + px^2)^2 + \tau^2x^2]^{\frac{3}{2}}},$$

$$V_0 = \int_0^1 \frac{x^2(1 - x^2)(1 - p^2x^2)\,dx}{(1 + px^2)^3}$$

et

$$\tau^2 = \sigma.$$

Nous trouvons

$$(3) \qquad \frac{dV}{d\sigma} = -\frac{3}{2}\int_0^1 \frac{x^4(1 - x^2)(1 - p^2x^2)\,dx}{[(1 + px^2)^2 + \sigma x^2]^{\frac{5}{2}}}.$$

Je multiplie cette quantité par $\sigma + (1 + p)^2$, puis je l'ajoute à V multiplié par $\frac{3}{2}$. J'obtiens ainsi

$$(4) \qquad [\sigma + (1 + p)^2]\frac{dV}{d\sigma} + \frac{3}{2}V = \frac{3}{2}L^2,$$

L^2 désignant la quantité essentiellement positive

$$\int_0^1 \frac{x^2(1 - x^2)^2(1 - p^2x^2)^2\,dx}{[(1 + px^2)^2 + \sigma x^2]^{\frac{5}{2}}}.$$

L'équation (4) revient à

$$(5)\qquad \frac{d.[\sigma+(1+p)^2]^{\frac{3}{2}}\,V}{d\sigma}=\frac{3}{2}[\sigma+(1+p)^2]^{\frac{1}{2}}\,L^2=S^2,$$

et l'on en déduit par l'intégration

$$(6)\qquad [\sigma+(1+p)^2]^{\frac{3}{2}}\,V=(1+p)^3\,V_0+\int_0^\sigma S^2\,d\sigma.$$

Cette expression montre que, pour une même valeur de p, le produit $[\sigma+(1+p)^2]^3\,V$ croît avec σ. Donc, pour une valeur de p, il ne peut y avoir qu'une seule valeur de σ qui annule V. Ensuite, les valeurs moindres que p_0, rendant V_0 positif, ne peuvent annuler V, et par conséquent p_0 est le minimum des valeurs de p.

Maintenant je vais montrer que, quelque valeur plus grande que p_0 que l'on donne à p, il existe toujours une valeur de σ ou τ^2 qui annule V. D'abord, la valeur $\tau=0$ rendant V négatif, il suffit de prouver qu'une valeur suffisamment grande rend V positif. Comme on a

$$x^2(1-x^2)(1-p^2x^2)=x^2-x^4[1+p^2(1-x^2)],$$

en posant

$$M=\int_0^1\frac{x^2\,dx}{[(1+px^2)^2+\tau^2x^2]^{\frac{3}{2}}},$$

$$N=\int_0^1\frac{x^4[1+p^2(1-x^2)]\,dx}{[(1+px^2)^2+\tau^2x^2]^{\frac{3}{2}}},$$

il vient

$$V=M-N,$$

et il suffit de prouver qu'il existe toujours des valeurs de τ qui rendent $M>N$. D'abord évidemment

$$M>\int_0^1\frac{x^2dx}{[(1+p)^2+\tau^2x^2]^{\frac{3}{2}}},$$

ou en intégrant

$$M>\frac{1}{\tau^3}\log\left[\frac{\tau+\sqrt{(1+p)^2+\tau^2}}{1+p}\right]-\frac{1}{\tau^2\sqrt{(1+p)^2+\tau^2}},$$

et à plus forte raison

$$M > \frac{1}{\tau^3} \log \left[\frac{\tau + \sqrt{(1+p)^2 + \tau^2}}{1+p} \right] - \frac{1}{\tau^3}.$$

On a de même

$$N < \int_0^1 \frac{x^4 (1+p^2)\, dx}{\tau^3 x^3},$$

ce qui revient à

$$N < \frac{1+p^2}{2\tau^3}.$$

Ainsi,

$$V > \frac{1}{\tau^3} \left\{ \log \left[\frac{\tau + \sqrt{(1+p)^2 + \tau^2}}{1+p} \right] - \frac{3+p^2}{2} \right\},$$

et par conséquent positif pour des valeurs de τ suffisamment grandes.

Je vais maintenant, en ne considérant que les ellipsoïdes de révolution, chercher si plusieurs formes de cette espèce peuvent convenir à un même mouvement de rotation.

Dans ce cas $B' = C'$, et les deux conditions d'équilibre se réduisent à la suivante :

$$\frac{A'}{B' - n^2} = \frac{h'^2}{h^2}.$$

D'ailleurs, en supposant d'abord l'ellipsoïde aplati, on a

$$A' = \frac{3M}{h^3 \lambda^3} (\lambda - \text{arc tang}\, \lambda) = 4\pi\rho \frac{1+\lambda^2}{\lambda^3} (\lambda - \text{arc tang}\, \lambda),$$

$$B' = C' = \frac{3M}{2 h^3 \lambda^3} \left(\text{arc tang}\, \lambda - \frac{\lambda}{1+\lambda^2} \right) = 2\pi\rho \frac{1+\lambda^2}{\lambda^3} \left(\text{arc tang}\, \lambda - \frac{\lambda}{1+\lambda^2} \right).$$

Substituant ces valeurs de A' et de B' dans l'équation de condition et posant

$$q = \frac{n^2}{\frac{4}{3}\pi\rho},$$

il vient

$$\text{arc tang}\, \lambda = \frac{9\lambda + 2q\lambda^3}{9 + 3\lambda^2}.$$

Autant il y aura de valeurs réelles de λ qui vérifieront cette équation pour une même valeur de q, autant il y aura d'ellipsoïdes de révolution correspondant à un même mouvement de rotation. Pour connaître le nombre de ces valeurs de λ, posons

$$\varphi = \frac{9\lambda + 2q\lambda^3}{9 + 3\lambda^2} - \text{arc tang}\,\lambda,$$

et considérons la courbe dans laquelle λ serait l'abscisse et φ l'ordonnée. On voit d'abord que cette courbe a l'origine pour centre; et, comme une valeur négative de λ donnerait le même ellipsoïde que cette même valeur prise positivement, il suffit de construire la partie de la courbe qui est située du côté des abscisses positives. Pour mieux suivre son cours, déterminons l'inclinaison de sa tangente sur l'axe des abscisses,

$$\frac{d\varphi}{d\lambda} = \frac{6q\lambda^6 + (60q - 36)\lambda^4 + 54q\lambda^2}{(1 + \lambda^2)(9 + 3\lambda^2)^2}.$$

Cette valeur étant toujours réelle et finie, la courbe a un cours continu. D'ailleurs, si l'on égale le numérateur à zéro, on trouve

$$\lambda^2 = \frac{3}{q} - 5 \pm \sqrt{\left(\frac{3}{q} - 5\right)^2 - 9}.$$

Donc il ne peut y avoir que deux points où la courbe soit parallèle à l'axe des abscisses, et par conséquent l'ordonnée φ n'a qu'un maximum et un minimum. Cette ordonnée commence et finit par être positive; donc la courbe ne coupe jamais l'axe des abscisses en plus de deux points, et il n'y a jamais plus de deux valeurs positives de λ qui satisfassent aux conditions d'équilibre. Cherchons la valeur de q qui fait coïncider les deux points d'intersection, et par conséquent au delà de laquelle il n'y a plus d'équilibre possible; car φ croît avec q. Cette valeur rend la courbe tangente à l'axe des abscisses, et, pour le point de contact, φ et $\frac{d\varphi}{d\lambda}$ s'annulent, ce qui donne les deux équations

$$q\lambda^4 + (10q - 6)\lambda^2 + 9q = 0$$

et

$$\text{arc tang}\,\lambda = \frac{9\lambda + 2q\lambda^3}{9 + 3\lambda^2}.$$

Éliminant q, il vient

$$\operatorname{arc\,tang}\lambda = \frac{7\lambda^3 + 9\lambda}{(1+\lambda^2)(9+\lambda^2)},$$

d'où l'on déduit, par les méthodes d'approximation,

$$\lambda = 2{,}5292,$$

ce qui donne

$$q = 0{,}33701.$$

C'est la plus grande valeur de q qui soit compatible avec l'équilibre. Quand q est plus petit, il y a deux ellipsoïdes de révolution et aplatis qui conviennent au même mouvement de rotation. Pour que q eût cette valeur relativement à la terre, il faudrait que le temps de sa rotation fût $0^j{,}1009$.

Supposons maintenant l'ellipsoïde de révolution allongé vers les pôles. Que $2h'$ soit l'axe de rotation, l'équilibre exigera la seule condition $\frac{B'}{A'-n^2} = \frac{h^2}{h'^2}$, et l'on a

$$A' = \frac{3M}{2h^3\lambda^3}\left[\lambda\sqrt{1+\lambda^2} - \log\left(\lambda+\sqrt{1+\lambda^2}\right)\right],$$

$$B' = \frac{3M}{h^3\lambda^3}\left[\log\left(\lambda+\sqrt{1+\lambda^2}\right) - \frac{\lambda}{\sqrt{1+\lambda^2}}\right],$$

En substituant et posant toujours

$$q = \frac{n^2}{\frac{4}{3}\pi\rho},$$

on trouve pour équation entre q et λ

$$\log\left(\lambda+\sqrt{1+\lambda^2}\right) = \frac{9\lambda(1+\lambda^2) - 2q\lambda^3}{3(1+\lambda^2)^{\frac{1}{2}}(3+2\lambda^2)},$$

Posant encore

$$\varphi = \log\left(\lambda+\sqrt{1+\lambda^2}\right) - \frac{9\lambda(1+\lambda^2) - 2q\lambda^3}{3(1+\lambda^2)^{\frac{1}{2}}(3+2\lambda^2)},$$

j'obtiens

$$\frac{d\varphi}{d\lambda} = \frac{18q\lambda^2 + (12+16q)\lambda^4 + 12\lambda^6}{3(1+\lambda^2)^{\frac{3}{2}}(3+2\lambda^2)^2}.$$

On voit que la fonction φ est nulle avec λ, quel que soit q, et qu'ensuite elle est indéfiniment croissante. Donc, aucune valeur de λ différente de zéro ne peut l'annuler, et ainsi l'équilibre est impossible avec un ellipsoïde de révolution allongé vers les pôles.

Actuellement je chercherai quelles sont les formes peu différentes de la sphère qui peuvent satisfaire aux conditions de l'équilibre d'une masse fluide homogène qui tourne autour d'un axe.

Comme précédemment, je considère au centre de gravité de cette masse A, ou très-près, trois axes rectangulaires qui serviront à compter les coordonnées, rectilignes ou polaires. Ensuite M étant un point de la surface, dont les coordonnées polaires sont r, θ, ω, et M' étant un élément de la masse ayant r', θ', ω' pour coordonnées, je désigne toujours $\cos\theta$ et $\cos\theta'$ par μ et μ', et alors le quotient de l'élément M' divisé par sa distance au point M est

$$\frac{r'^2\,dr'\,d\mu'\,d\omega'}{\sqrt{r^2+r'^2-2rr'\cos(r,r')}}.$$

Je pose

$$\cos\gamma = \cos(r,r') = \mu\mu' + \sqrt{1-\mu^2}\,\sqrt{1-\mu'^2}\,\cos(\omega-\omega'),$$

$$V = \int\!\!\int\!\!\int \frac{r'^2dr'd\mu'd\omega'}{\sqrt{r^2+r'^2-2rr'\cos\gamma}},$$

et je désigne par g la force centrifuge à l'unité de distance de l'axe. L'équation d'équilibre du point quelconque M de la surface sera

$$(1) \qquad V + \frac{1}{2}gr^2(1-\mu^2) = \text{constante}.$$

Il faut que g soit très-petit, puisque la forme diffère peu de celle de la sphère de rayon a. Prenant donc, comme à l'ordinaire, $r = a(1+\alpha y)$, α et g seront de très-petites quantités du même ordre de grandeur, dont on négligera les puissances supérieures à la première, et y sera une fonction inconnue de μ et de ω.

Pour plus de facilité, je prendrai de nouveaux axes polaires dont l'origine sera au point attiré. Que ρ soit la droite qui va de ce pôle au point quelconque M′ de la masse, p l'angle que ρ fait avec une perpendiculaire au plan qui passe par le point attiré et par l'axe de rotation, et q l'angle que la projection de ρ sur ce plan fait avec le rayon r. Un élément de la masse aura pour expression $\rho^2 \sin p\, d\rho\, dp\, dq$. Intégrant par rapport à ρ, et appelant ρ' la valeur de ρ à la sortie, nous aurons

$$V = \tfrac{1}{3}\int\int \rho'^3 \sin p\, dp\, dq;$$

mais, comme les trois lignes r, r', ρ' font un triangle et que $\cos(\rho', r) = \sin p \cos q$, on a

$$r'^2 = r^2 + \rho'^2 - 2r\rho' \sin p \cos q,$$

ou bien

$$a^2(1 + \alpha y')^2 = \rho'^2 - 2a\rho'(1 + \alpha y)\sin p \cos q + a^2(1 + \alpha y)^2.$$

De là on tire pour ρ' deux valeurs : l'une, du même ordre de grandeur que α^2, est nulle, et l'autre est

$$\rho'^2 = 4a^2 \sin^2 p \cos^2 q\,(1 + 2\alpha y) + 4\alpha a^2 (y' - y).$$

En la substituant, il vient

$$V = 2a^3 \int\int \sin p\, dp\, dq\,[(1 + 2\alpha y)\sin^3 p \cos^3 q + \alpha(y' - y)].$$

On prendra les intégrales depuis $p = 0$, $q = -\frac{1}{2}\pi$ jusqu'à $p = \pi$, $q = \frac{1}{2}\pi$; on trouve ainsi

$$V = \tfrac{4}{3}\pi a^3(1 - \alpha y) + 2\alpha a^3 \int_0^{\pi}\int_{-\frac{1}{2}\pi}^{\frac{1}{2}\pi} y' \sin p\, dp\, dq.$$

y' peut contenir μ' et ω', mais il nous suffit, pour notre objet, d'exprimer μ' au moyen des nouvelles variables p et q, et dans cette expression nous pourrons négliger les quantités de l'ordre α, puisque y' est déjà multiplié par α.

En considérant le triangle que font les trois lignes r, r', ρ', abaissant du sommet opposé une perpendiculaire sur r, puis projetant sur l'axe de rotation le contour du triangle partiel dans lequel r' est l'hypoténuse, on trouve

$$a\mu' = (a - \rho' \sin p \cos q) \cos \theta + \rho' \sin p \sin q \sin \theta;$$

et, comme $\rho' = 2a \sin p \cos q$, il vient,

$$\mu' = \mu \cos^2 p - \sin^2 p \cos q',$$

en posant

$$q' = 2q + \theta,$$

ce qui donne

$$V = \tfrac{4}{3}\pi a^2 (1 - \alpha y) + \alpha a^2 \iint y' \sin p\, dp\, dq'.$$

Puisque les valeurs de q commençaient à $-\frac{1}{2}\pi$ et finissaient à $\frac{1}{2}\pi$, les valeurs de q' devraient commencer à $-\pi + \theta$ et finir à $\pi + \theta$; mais comme y' ne contient que les lignes trigonométriques des arcs, nous pouvons prendre pour limites $q' = 0$ et $q' = 2\pi$, et, en supprimant l'accent, la valeur de V devient

$$V = \tfrac{4}{3}\pi a^2 (1 - \alpha y) + \alpha a^2 \int_0^{\pi} \int_0^{2\pi} y' \sin p\, dp\, dq.$$

Substituant cette valeur de V dans l'équation (1), et remplaçant r par a dans la dernière partie, qui contient le facteur g, on obtient

$$(2) \quad \tfrac{4}{3}\pi a^2 (1 - \alpha y) + \alpha a^2 \int_0^{\pi} \int_0^{2\pi} y' \sin p\, dp\, dq + \tfrac{1}{2} a^2 g (1 - \mu^2) = \text{const} = k.$$

Soit

$$(3) \quad C = \tfrac{4}{3}\pi - \frac{k}{a^2},$$

alors l'équation devient

$$(4) \quad C = \tfrac{4}{3}\pi \alpha y - \alpha \int_0^{\pi} \int_0^{2\pi} y' \sin p\, dp\, dq - \tfrac{1}{2} g (1 - \mu^2).$$

Pour chaque figure possible d'équilibre, k a une valeur déterminée, et elle ne peut pas dépendre de a, qui n'est assujetti qu'à différer peu du rayon de la sphère équivalente au volume de la masse A. C est donc indéterminé et seulement du même ordre de grandeur que α. Posons

$$y = l\mu + m\mu^2 + X,$$

X étant une fonction inconnue de μ et de ω qui ne devient jamais infinie. En désignant sa plus grande valeur par c et faisant $c - X = Z$, Z n'aura que des valeurs finies et positives. On a ainsi

$$y = c + l\mu + m\mu^2 - Z,$$

et par conséquent

$$y' = c + l\mu' + m\mu'^2 - Z',$$

Z' étant ce que devient Z quand on y remplace μ et ω par μ' et ω'. D'ailleurs on a trouvé

$$\mu' = \mu \cos^2 p - \sin^2 p \cos q\,;$$

d'où l'on déduit

$$\int_0^\pi\int_0^{2\pi} \mu' \sin p\, dp\, dq = \frac{4}{3}\pi\mu \quad \text{et} \quad \int_0^\pi\int_0^{2\pi} \mu'^2 \sin p\, dp\, dq = \frac{4}{5}\pi\left(\mu^2 + \frac{4}{3}\right).$$

Alors, en substituant ces valeurs dans l'équation (4), on trouve

$$C = \left(\frac{8\pi\alpha m}{15} + \frac{1}{2}g\right)\mu^2 - \frac{16\pi\alpha m}{15} - \frac{8\pi\alpha c}{3} - \frac{1}{2}g - \frac{4\pi\alpha}{3}Z + \alpha\int_0^\pi\int_0^{2\pi} Z' \sin p\, dp\, dq.$$

Mais nous avons reconnu que la constante C était arbitraire; la constante m l'est aussi évidemment : nous pouvons donc supposer qu'on ait

$$\frac{8\pi\alpha m}{15} + \frac{1}{2}g = 0,$$

et

$$C = -\frac{16\pi\alpha m}{15} - \frac{8\pi\alpha c}{3} - \frac{1}{2}g.$$

Alors l'équation précédente se réduit à ses deux derniers termes; et comme

$$\int_0^\pi\int_0^{2\pi} \sin p\, dp\, dq = 4\pi,$$

on peut l'écrire ainsi

$$\int_0^\pi\int_0^{2\pi} \left(Z' - \frac{1}{3}Z\right) \sin p\, dp\, dq = 0.$$

Maintenant, soit L la plus petite valeur de Z; pour que le point correspondant soit en équilibre, il faudra qu'on ait

$$\int_0^\pi \int_0^{2\pi} \left(Z' - \frac{1}{3}L\right) \sin p \, dp \, dq = 0.$$

Mais, comme aucun élément de cette intégrale ne peut être négatif, pour que leur somme soit nulle il faut qu'on ait toujours

$$Z' - \frac{1}{3}L = 0;$$

ce qui exige que la fonction Z′ soit constante et par conséquent nulle, puisqu'elle a une valeur nulle. Ainsi $y = c + l\mu + m\mu^2$; et, comme $r = a(1 + \alpha y)$, si l'on met les valeurs de c et de m déduites des équations précédentes, on aura

$$r = a\left[1 + \frac{3(g - 2C)}{16\pi} + \alpha l \mu - \frac{15g}{16\pi}\mu^2\right].$$

l est encore indéterminé, parce que dans notre analyse l'origine des coordonnées est seulement censée très-voisine du centre de gravité de la masse fluide ou de la sphère qui en diffère peu; mais il prendra la valeur zéro si l'on place cette origine au milieu de l'axe de rotation, car alors $\mu = -1$ et $\mu = +1$ devront donner même valeur pour r. Si de plus on pose

$$a\left[1 + \frac{3(g - 2C)}{16\pi}\right] = b\left[1 + \frac{5g}{16\pi}\right],$$

et qu'on désigne par n la vitesse angulaire de rotation, ce qui donne $g = n^2$, en négligeant les quantités de l'ordre α^2, on a

$$r = b\left[1 + \frac{15n^2}{16\pi}\left(\frac{1}{3} - \mu^2\right)\right].$$

Ce résultat, qui réprésente un ellipsoïde de révolution, ne contient plus rien d'inconnu, car b est le rayon de la sphère qui a même volume que le sphéroïde. Ainsi la masse fluide n'a qu'une seule figure d'équilibre qui diffère peu de la sphère, et cette figure est un ellipsoïde de révolution.

Il me reste maintenant à chercher l'expression de la pesanteur en chaque point d'un ellipsoïde.

La pesanteur en un point est la résultante de toutes les forces qui sollicitent ce point. Ainsi, en nommant p cette force, et conservant les mêmes notations que précédemment, on a

$$p = \sqrt{A'^2x^2 + (B' - n^2)^2y^2 + (C' - n^2)^2z^2}.$$

On voit par là que sur un même rayon la pesanteur est proportionnelle à la distance au centre. Supposons qu'il s'agisse d'un ellipsoïde de révolution : alors

$$p = \sqrt{A'^2x^2 + (B' - n^2)^2(y^2 + z^2)};$$

et, en chassant $B' - n^2$ au moyen de l'équation d'équilibre, et $y^2 + z^2$ au moyen de l'équation de l'ellipsoïde, il vient

$$p = \frac{A'}{h'}\sqrt{x^2(h'^2 - h^2) + h^4}.$$

Maintenant, si l'on remplace A' par sa valeur, et qu'on exprime x au moyen de la latitude ψ du point considéré, il vient

$$p = \frac{4\pi\rho h(1 + \lambda^2)(\lambda - \text{arc tang}\,\lambda)}{\lambda^3\sqrt{1 + \lambda^2\cos^2\psi}}.$$

Vu et approuvé,

Le 22 juillet 1844.

Le Doyen de la Faculté des Sciences,

DUMAS.

Permis d'imprimer,

L'Inspecteur général des Études,

chargé de l'administration de l'Académie de Paris,

ROUSSELLE.

THÈSE D'ASTRONOMIE.

SUR L'INTÉGRATION

DES

ÉQUATIONS DIFFÉRENTIELLES

DE LA DYNAMIQUE.

PREMIÈRE PARTIE.

Depuis que Lagrange, en combinant le principe de d'Alembert avec celui des vitesses virtuelles, est parvenu à une formule qui fournit toujours, sous leur forme la plus simple, les équations différentielles du mouvement d'un système de corps quelconques, on peut regarder les problèmes de la Dynamique comme n'étant plus que des questions de calcul intégral, et toute leur difficulté consiste désormais dans l'intégration d'un système d'équations différentielles du second ordre. Malgré la symétrie et la simplicité de ces équations, ne pouvant que très-rarement obtenir leurs intégrales complètes, on est presque toujours réduit à chercher des approximations successives.

Je veux ici exposer une méthode qui peut souvent faciliter la détermination des intégrales complètes; ensuite je ferai connaître le procédé d'approximation qui paraît le plus fécond.

Soient donc des corps $m, m_1, m_2, \ldots$, que nous considérerons comme des points materiels; $x, y, z, x_1, y_1, z_1, \ldots$, les coordonnées rectangles de ces points. Nous supposerons, ce qui a généralement lieu, que les forces qui les sollicitent soient les dérivées partielles d'une même fonction V de leurs coordonnées, et que leurs liaisons mutuelles soient exprimées par des équations entre ces mêmes coordonnées, que nous représenterons par

$$L=0, \quad M=0, \quad N=0, \ldots.$$

Cela étant, les trois équations du mouvement du point m sont

$$(m) \quad \begin{cases} m\dfrac{d^2x}{dt^2}=\dfrac{dV}{dx}+\lambda\dfrac{dL}{dx}+\mu\dfrac{dM}{dx}+\nu\dfrac{dN}{dx}+\ldots, \\ m\dfrac{d^2y}{dt^2}=\dfrac{dV}{dy}+\lambda\dfrac{dL}{dy}+\mu\dfrac{dM}{dy}+\nu\dfrac{dN}{dy}+\ldots, \\ m\dfrac{d^2z}{dt^2}=\dfrac{dV}{dz}+\lambda\dfrac{dL}{dz}+\mu\dfrac{dM}{dz}+\nu\dfrac{dN}{dz}+\ldots; \end{cases}$$

on aura de même, pour le point m_1,

$$(m_1) \quad \begin{cases} m_1\dfrac{d^2x_1}{dt^2}=\dfrac{dV}{dx_1}+\lambda\dfrac{dL}{dx_1}+\mu\dfrac{dM}{dx_1}+\nu\dfrac{dN}{dx_1}+\ldots, \\ m_1\dfrac{d^2y_1}{dt^2}=\dfrac{dV}{dy_1}+\lambda\dfrac{dL}{dy_1}+\mu\dfrac{dM}{dy_1}+\nu\dfrac{dN}{dy_1}+\ldots, \\ m_1\dfrac{d^2z_1}{dt^2}=\dfrac{dV}{dz_1}+\lambda\dfrac{dL}{dz_1}+\mu\dfrac{dM}{dz_1}+\nu\dfrac{dN}{dz_1}+\ldots; \end{cases}$$

et ainsi de suite, pour les autres points.

Si l'on pouvait obtenir les intégrales complètes de ces équations, elles permettraient d'exprimer, au moyen de t et d'un certain nombre de constantes arbitraires a, b, c,..., les coordonnées x, y, z, x_1, y_1, z_1, etc., des mobiles et les facteurs λ, μ, ν,..., de manière que pour chaque instant on connaîtrait les positions des mobiles, les forces qui les sollicitent et celles dont les liaisons du système tiennent lieu, ce qui serait la solution la plus complète du problème de mécanique.

Ordinairement on trouve bien quelques intégrales particulières, soit par des méthodes spéciales, soit en appliquant, suivant les cas, les principes généraux de la conservation du mouvement du centre de gravité, des aires ou des forces vives; et maintenant il s'agirait de faire servir ces intégrales particulières à trouver les intégrales complètes.

Nous supposerons que les forces qui sollicitent les mobiles et leurs liaisons soient indépendantes du temps; alors les équations de condition $L = 0$, $M = 0$, $N = 0$, ... et la fonction V ne contiennent pas t explicitement. Dans ce cas, le principe des forces vives ayant lieu, nous aurons, pour une des intégrales premières,

$$\frac{1}{2}\sum m\,(x'^2 + y'^2 + z'^2) = V + h;$$

h est une constante, et x', y', z' sont les coefficients différentiels $\frac{dx}{dt}$, $\frac{dy}{dt}$, $\frac{dz}{dt}$.

Comme les équations proposées ne contiennent point t explicitement, parmi les constantes a, b, c, ... que renferment leurs intégrales, il y en a une ε qui s'ajoute partout à t, de manière que les variables x, y, z, x_1, y_1, z_1, etc., sont des fonctions de a, b, c, ... et de $t + \varepsilon$. Supposons que les arbitraires ε, a, b, c, ... viennent à varier, toutes ou quelques-unes, et désignons par δ et Δ les variations qui en résulteront dans les fonctions $x, y, z, x_1, \ldots, d$ désignera seulement la variation qui se rapporte à t; je dis que, quelles que soient les arbitraires auxquelles se rapporte la variation désignée par δ et celles auxquelles se rapporte la variation désignée par Δ, on aura toujours

$$(1)\quad \sum m\,[(\Delta x\,\delta x' - \Delta x'\,\delta x) + (\Delta y\,\delta y' - \Delta y'\,\delta y) + (\Delta z\,\delta z' - \Delta z'\,\delta z)] = h = \text{const}.$$

En effet, différentions la première des équations (m) par δ, et multiplions-la par Δx, ensuite différentions-la de même par Δ et multiplions-la par δ, puis retranchons le second résultat du premier. Nous obtenons

$$m\left(\Delta x\delta\frac{d^2x}{dt^2} - \delta x\Delta\frac{d^2x}{dt^2}\right) = \left(\Delta x\delta\frac{dV}{dx} - \delta x\Delta\frac{dV}{dx}\right) + \lambda\left(\Delta x\delta\frac{dL}{dx} - \delta x\Delta\frac{dL}{dx}\right)$$
$$+ \frac{dL}{dx}\left(\Delta x\delta\lambda - \delta x\Delta\lambda\right) + \text{etc...}$$

Que l'on fasse relativement à y et à z, pour les deux autres équations (m), ce que l'on a fait relativement à x pour la première, qu'on agisse d'une manière analogue à l'égard des équations (m_1), (m_2), etc., et qu'on ajoute tous les résultats, on aura

$$\sum m\left[\left(\Delta x\delta\frac{d^2x}{dt^2}-\delta x\Delta\frac{d^2x}{dt^2}\right)+\left(\Delta y\delta\frac{d^2y}{dt^2}-\delta y\Delta\frac{d^2y}{dt^2}\right)+\left(\Delta z\delta\frac{d^2z}{dt^2}-\delta z\Delta\frac{d^2z}{dt^2}\right)\right]$$

$$=\sum\left[\left(\Delta x\delta\frac{dV}{dx}-\delta x\Delta\frac{dV}{dx}\right)+\left(\Delta y\delta\frac{dV}{dy}-\delta y\Delta\frac{dV}{dy}\right)+\left(\Delta z\delta\frac{dV}{dz}-\delta z\Delta\frac{dV}{dz}\right)\right]$$

$$+\sum\lambda\left[\left(\Delta x\delta\frac{dL}{dx}-\delta x\Delta\frac{dL}{dx}\right)+\left(\Delta y\delta\frac{dL}{dy}-\delta y\Delta\frac{dL}{dy}\right)+\left(\Delta z\delta\frac{dL}{dz}-\delta z\Delta\frac{dL}{dz}\right)\right]$$

$$+\sum\left[\frac{dL}{dx}(\Delta x\,\delta\lambda-\delta x\Delta\lambda)+\frac{dL}{dy}(\Delta y\delta\lambda-\delta y\,\Delta\lambda)+\frac{dL}{dz}(\Delta z\delta\lambda-\delta z\Delta\lambda)\right]+\text{etc.}\ldots$$

Toutes les parties du second membre sont nulles.

En effet, considérons la partie qui contient V; et soient x et u deux variables quelconques. On trouvera dans $\Delta x\delta\frac{dV}{dx}$ le terme $\Delta x\frac{d^2V}{dxdu}\delta u$ qui sera détruit par $-\delta u\frac{d^2V}{dudu}\Delta x$ qui se trouve dans $-\delta u\Delta\frac{dV}{du}$, et ainsi des termes deux à deux. La partie affectée de λ est nulle pour la même raison. Ensuite les multiplicateurs de $\delta\lambda$ et $\Delta\lambda$ sont respectivement ΔL et δL, qui sont aussi des quantités nulles. On a donc

$$\sum m\left[\left(\Delta x\delta\frac{d^2x}{dt^2}-\delta x\Delta\frac{d^2x}{dt^2}\right)+\left(\Delta y\delta\frac{d^2y}{dt^2}-\delta y\Delta\frac{d^2y}{dt^2}\right)\right.$$
$$\left.+\left(\Delta z\delta\frac{d^2z}{dt^2}-\delta z\Delta\frac{d^2z}{dt^2}\right)\right]=0.$$

Comme cette expression est une différentielle exacte, en l'intégrant, on trouve l'équation (1).

Maintenant nous supposerons que la caractéristique Δ ne se rapporte qu'à l'arbitraire ε, et nous prendrons $\Delta\varepsilon = dt$. Alors, quelle que soit une variable u, on aura $\Delta u = du$, et l'équation (1) deviendra

$$(2)\quad \sum m[(dx\delta x'-\delta x dx')+(dy\delta y'-\delta y dy')+(dz\delta z'-\delta z dz')]=\delta k dt;$$

car la constante doit être une quantité du second ordre qui contient dt comme facteur. Maintenant je vais montrer que la quantité k est la constante h de l'équation provenant du principe des forces vives.

En effet, en différentiant cette dernière équation par δ, j'ai

$$\sum m(dx\delta x' + dy\delta y' + dz\delta z') - \delta V dt = \delta h dt.$$

Multiplions les équations (m), (m_1), (m_2),... respectivement par δx, δy, δz, δx_1,..., et ajoutons-les. Après les avoir encore multipliées par dt, il vient

$$\sum m(\delta x dx' + \delta y dy' + \delta z dz') = \delta V dt,$$

équation qui, combinée avec les deux précédentes, montre que $k = h$.

Ces formules étant établies, soit maintenant U la quantité d'action dépensée par le système depuis l'origine du mouvement, de manière que

$$U = \int_0^t \sum m(x'dx + y'dy + z'dz);$$

en différentiant par δ, on a

$$\delta U = \int_0^t \sum m(x'd\delta x + y'd\delta y + z'd\delta z + dx\delta x' + dy\delta y' + dz\delta z');$$

et, à cause de l'équation (2),

$$\delta U = \int_0^t \sum m(x'd\delta x + y'd\delta y + z'd\delta z + dx'\delta x + dy'\delta y + dz'\delta z) + t\delta h;$$

en intégrant, et désignant par a, b, c,..., a', b', c',... les valeurs de x, y, z,..., x', y', z',... pour $t = 0$, il vient

$$\delta U = \sum m(x'\delta x + y'\delta y + z'\delta z) - \sum m(a'\delta a + b'\delta b + c'\delta c) + t\delta h.$$

Puisque les liaisons des mobiles établissent des équations de condition entre leurs coordonnées, quelques-unes de ces dernières sont des fonctions des autres. Désignons par φ, ψ, θ,... les variables indépendantes, qu'elles soient ou non des coordonnées des mobiles, et par φ', ψ', θ',... leurs dérivées par rapport à t. Toutes les coordonnées des mobiles et leurs dérivées s'exprimeront au moyen de ces $2n$

variables, et l'on pourra mettre l'expression de δU sous la forme

$$(3)\qquad \delta U = P\delta\varphi + Q\delta\psi + R\delta\theta + \ldots - A\delta\alpha - B\delta\beta - C\delta\gamma - \ldots + t\delta h;$$

$\alpha, \beta, \gamma, \ldots, \alpha', \beta', \gamma', \ldots$ sont les valeurs de $\varphi, \psi, \theta, \ldots, \varphi', \psi', \theta', \ldots$ pour $t = 0$, et A, B, C, ... ce que deviennent P, Q, R, ... dans le même cas.

Remarquons maintenant qu'il est absolument possible d'exprimer à priori U par une fonction des $2n+1$ quantités indépendantes $\varphi, \psi, \theta, \ldots, \alpha, \beta, \gamma, \ldots$ et h; car si l'on avait les intégrales complètes, par leur moyen toutes les quantités considérées pourraient s'exprimer en fonction des $2n+1$ quantités $\alpha, \beta, \gamma, \ldots, \alpha', \beta', \gamma', \ldots$ et t. On pourrait donc commencer par exprimer U en fonction de ces quantités, puis, au moyen des valeurs de $\varphi, \psi, \theta, \ldots$ et h, on pourrait éliminer de cette fonction $\alpha', \beta', \gamma', \ldots$ et t.

Supposons donc que, par un moyen quelconque, on soit parvenu à mettre U sous la forme

$$U = f(\varphi, \psi, \theta, \ldots, \alpha, \beta, \gamma, \ldots, h);$$

alors, différentiant par δ, on a

$$\delta U = \frac{df}{d\varphi}\delta\varphi + \frac{df}{d\psi}\delta\psi + \frac{df}{d\theta}\delta\theta + \ldots + \frac{df}{d\alpha}\delta\alpha + \frac{df}{d\beta}\delta\beta + \frac{df}{d\gamma}\delta\gamma + \ldots + \frac{df}{dh}\delta h;$$

et, comme cette valeur de δU doit être la même que la précédente, on en conclut les $2n+1$ équations

$$\frac{df}{d\varphi} = P, \quad \frac{df}{d\psi} = Q, \quad \frac{df}{d\theta} = R, \ldots,$$

$$\frac{df}{d\alpha} = -A, \quad \frac{df}{d\beta} = -B, \quad \frac{df}{d\gamma} = -C, \ldots, \quad \frac{df}{dh} = t,$$

et il suffira d'éliminer $\varphi', \psi', \theta', \ldots$, et une des constantes, pour avoir les intégrales complètes, qui doivent consister dans n équations entre les n variables indépendantes $\varphi, \psi, \theta, \ldots$, $2n$ constantes arbitraires, et t.

Il devra arriver rarement que l'on puisse exprimer la fonction U au moyen des variables indépendantes, de leurs valeurs initiales, et de h, sans connaître quelques-unes des intégrales; mais nous allons montrer comment on peut modifier cette méthode de manière à en déduire toutes les intégrales premières et secondes, quand on en connaîtra au moins la moitié.

Soient donc

$$(4) \qquad G = 0, \quad G' = 0, \quad G'' = 0, \ldots \quad \text{et} \quad H = 0$$

un nombre $n + i$ d'intégrales premières, ne contenant pas t explicitement, et parmi lesquelles se trouve celle qui provient du principe des forces vives; i est nécessairement moindre que n, puisque autrement toutes les quantités auraient des valeurs déterminées. Nous éliminerons les n quantités φ', ψ', θ',...; ce qui nous fournira i équations

$$(5) \qquad E = 0, \quad E' = 0, \quad E'' = 0, \ldots,$$

entre les n variables φ, ψ, θ,..., et $n + i$ constantes. Au moyen des mêmes $n + i$ équations nous éliminerons de U les n dérivées φ', ψ', θ',..., et i des variables. Alors U se trouvera sous la forme

$$U = \int_0^t (X d\varphi + Y d\psi + Z d\theta + \ldots),$$

X, Y, Z,... étant des fonctions données des $n - i$ variables φ, ψ, θ,.... Il devra arriver ordinairement que la fonction U soit intégrable, puisque sa variation, par rapport à φ, ψ, θ,..., est débarrassée du signe $\int$. Cependant le contraire peut bien arriver aussi, car

$$\begin{aligned} \delta U = \int_0^t (X d\delta\varphi + Y d\delta\psi + Z d\delta\theta + \ldots) + \int_0^t \left(\frac{dX}{d\varphi}\delta\varphi + \frac{dX}{d\psi}\delta\psi + \frac{dX}{d\theta}\delta\theta + \ldots\right) d\varphi \\ + \int_0^t \left(\frac{dY}{d\varphi}\delta\varphi + \frac{dY}{d\psi}\delta\psi + \frac{dY}{d\theta}\delta\theta + \ldots\right) d\psi \\ + \int_0^t \left(\frac{dZ}{d\varphi}\delta\varphi + \frac{dZ}{d\psi}\delta\psi + \frac{dZ}{d\theta}\delta\theta + \ldots\right) d\theta + \text{etc.}, \end{aligned}$$

et si l'on suppose qu'il n'y ait que trois variables φ, ψ, θ, et que l'on intègre $\int (X d\delta\varphi + Y d\delta\psi + Z d\delta\theta)$ par parties, l'expression de δU

pourra s'écrire ainsi :

$$\delta U = X\delta\varphi + Y\delta\psi + Z\delta\theta + \int_0^t \left[\left(\frac{dY}{d\varphi} - \frac{dX}{d\psi}\right)d\psi + \left(\frac{dZ}{d\varphi} - \frac{dX}{d\theta}\right)d\theta\right]\delta\varphi$$
$$+ \int_0^t \left[\left(\frac{dX}{d\psi} - \frac{dY}{d\varphi}\right)d\varphi + \left(\frac{dZ}{d\psi} - \frac{dY}{d\theta}\right)d\theta\right]\delta\psi$$
$$+ \int_0^t \left[\left(\frac{dX}{d\theta} - \frac{dZ}{d\varphi}\right)d\varphi + \left(\frac{dY}{d\theta} - \frac{dZ}{d\psi}\right)d\psi\right]\delta\theta.$$

Or les quantités qui sont sous les signes d'intégration, et qui s'annulent, comme on devait s'y attendre, quand on a séparément

$$\frac{dY}{d\varphi} = \frac{dX}{d\psi}, \quad \frac{dZ}{d\varphi} = \frac{dX}{d\theta}, \quad \frac{dZ}{d\psi} = \frac{dY}{d\theta},$$

peuvent encore disparaître sans qu'on ait toutes ces conditions, qui sont pourtant nécessaires pour que U soit une différentielle exacte des variables indépendantes φ, ψ, θ. Nous supposerons que la fonction U soit intégrable. Quand elle sera intégrée, au moyen des équations (5) on y réintroduira les i variables qui en avaient été éliminées, en chassant le même nombre de constantes. De cette manière on mettra U sous la forme

$$U = F(\varphi, \psi, \theta, \ldots, h, e, e', e'', \ldots) - k,$$

$h, e, e', e'', \ldots$ étant n constantes, parmi lesquelles se trouvent h qui provient du principe des forces vives, et k ayant pour valeur

$$F(\alpha, \beta, \gamma, \ldots, h, e, e', e'', \ldots).$$

Les $n+1$ constantes $k, h, e, e', e'', \ldots$ sont nécessairement des fonctions de $\alpha, \beta, \gamma, \ldots, \alpha', \beta', \gamma', \ldots$; les n variables sont des fonctions des mêmes quantités et de t ; il y a donc $2n+1$ équations entre les $4n+2$ quantités que nous venons de nommer. Si on les connaissait, on pourrait donc éliminer $t, \alpha', \beta', \gamma', \ldots$, et exprimer $\alpha, \beta, \gamma, \ldots$ en fonctions de $\varphi, \psi, \theta, \ldots, h, e, e', \ldots$; en mettant ces valeurs à la place de $\alpha, \beta, \gamma, \ldots$ dans la valeur de U représentée par la fonction f, elle deviendrait identique à la fonction F, et en différentiant par δ, les coefficients $\delta\varphi, \delta\psi, \delta\theta, \ldots, \delta h, \delta e, \delta e', \ldots$ dans les deux cas doivent être les mêmes. Ne considérons que les n équations qu'on obtient en égalant les coefficients de δh, δe, $\delta e'$,....

En posant

$$\varepsilon = -A\frac{d\alpha}{dh} - B\frac{d\beta}{dh} - C\frac{d\gamma}{dh} - \ldots,$$
$$l = -A\frac{d\alpha}{de} - B\frac{d\beta}{de} - C\frac{d\gamma}{de} - \ldots,$$
$$l' = -A\frac{d\alpha}{de'} - B\frac{d\beta}{de'} - C\frac{d\gamma}{de'} - \ldots,$$
$$\ldots\ldots\ldots\ldots\ldots\ldots$$

elles seront

$$\frac{dF}{dh} = t + \varepsilon, \quad \frac{dF}{de} = l, \quad \frac{dF}{de'} = l', \quad \text{etc....}$$

Les quantités A, B, C,..., ainsi que α, β, γ,..., étant indépendantes de t, il en est nécessairement de même de ε, l, l',.... Ces n dernières équations et les i équations (5) se réduiront nécessairement à n équations entre les $n+1$ variables t, φ, ψ, θ,... et les $2n$ constantes arbitraires h, e, e', e'',..., ε, l, l',..., et ce seront les intégrales complètes du système.

SECONDE PARTIE.

Maintenant je supposerai que, pour intégrer les équations du mouvement d'un système de mobiles, on ait négligé une partie des forces qui les sollicitent. Si les forces négligées sont très-petites comparativement à celles que l'on a conservées, les intégrales obtenues fourniront déjà une solution approchée du problème proposé. Ainsi, dans le mouvement des planètes autour du soleil, quand on néglige leurs attractions réciproques pour ne considérer que celle du soleil, les intégrales, qui s'obtiennent facilement et qui fournissent le mouvement elliptique, représentent déjà avec une grande approximation le mouvement réel. Mais ce dont il s'agit ici, c'est de partir de cette solution plus ou moins approchée pour obtenir une solution exacte, ou des approximations de plus en plus grandes.

L'auteur de la *Mécanique analytique* a inventé, pour cet objet, une méthode qui paraît lui avoir été suggérée par la contemplation même du mouvement des planètes. L'action seule du soleil ferait décrire à chacune une ellipse dont les éléments seraient invariables, et il suffirait de les avoir déterminés une fois pour que le lieu de la planète fût connu à chaque instant. Mais, à cause des influences des autres planètes sur la première, la trajectoire n'est point réellement elliptique. Cependant on peut encore la considérer comme telle, mais alors il faut regarder les éléments de cette ellipse comme des fonctions du temps. Ceci revient analytiquement à ne considérer d'abord que l'action du soleil, puis à rétablir, dans les équations du mouvement, les termes provenant des attractions mutuelles des planètes, et à faire varier les constantes arbitraires qui complètent les intégrales de la première hypothèse pour satisfaire aux équations du mouvement réel. Évidemment on peut bien en agir ainsi dans toutes les questions de mécanique: il sera toujours bien permis de négliger d'abord une partie quelconque des forces pour rendre les équations intégrables, pourvu qu'on regarde les arbitraires de ces intégrales comme des fonctions inconnues du temps, et qu'on les détermine ensuite de manière à satisfaire aux équations du mouvement réel. Au fond, ce n'est que remplacer les inconnues de la question par d'autres, qui sont en même nombre que les premières quand les équations différentielles sont du premier ordre, et en nombre double quand elles sont du second ordre. Dans ce dernier cas, on assujettit les nouvelles inconnues à des équations arbitraires, choisies convenablement pour simplifier leur détermination. Ordinairement on égale à zéro les parties des différentielles des inconnues primitives qui proviennent de la variation des constantes devenues variables; et alors les équations du mouvement, qui étaient du second ordre, sont remplacées par un nombre double d'équations du premier ordre; et l'on a un avantage qui est particulier à cette méthode, c'est de ramener immédiatement aux quadratures les valeurs déterminées par la seconde approximation, où l'on ne tient compte que des premières puissances des forces perturbatrices.

La formule générale de la dynamique est

$$\sum m\left(\frac{d^2x}{dt^2}\delta x+\frac{d^2y}{dt^2}\delta y+\frac{d^2z}{dt^2}\delta z\right)+\sum m(\mathrm{P}\delta p+\mathrm{Q}\delta q+\mathrm{R}\delta r+\ldots)=0.$$

x, y, z sont les coordonnées de m; P, Q, R,... sont les forces qui sollicitent chacune de ses unités de masse suivant les lignes $p, q, r,\ldots$, qu'elles tendent à diminuer.

D'abord on a

$$d^2x\,\delta x+d^2y\,\delta y+d^2z\,\delta z=d(dx\,\delta x+dy\,\delta y+dz\,\delta z)-\tfrac{1}{2}\delta(dx^2+dy^2+dz^2);$$

ensuite les coordonnées x, y, z étant des fonctions des variables indépendantes φ, ψ, $\theta,\ldots$, si on les différentie, on trouvera des résultats de cette forme

$$dx=\mathrm{A}\,d\varphi+\mathrm{B}\,d\psi+\mathrm{C}\,d\theta+\ldots,$$
$$dy=\mathrm{A}'\,d\varphi+\mathrm{B}'\,d\psi+\mathrm{C}'\,d\theta+\ldots,$$
$$dz=\mathrm{A}''\,d\varphi+\mathrm{B}''\,d\psi+\mathrm{C}''\,d\theta+\ldots;$$

les quantités δx, δy, δz seront exprimées au moyen des mêmes coefficients et des quantités $\delta\varphi$, $\delta\psi$, $\delta\theta,\ldots$, et l'on aura

$$dx\,\delta x+dy\,\delta y+dz\,\delta z$$
$$=\mathrm{F}\,d\varphi\,\delta\varphi+\mathrm{G}(d\varphi\,\delta\psi+d\psi\,\delta\varphi)+\mathrm{H}\,d\psi\,\delta\psi+\mathrm{I}(d\varphi\,\delta\theta+d\theta\,\delta\varphi)+\ldots,$$

et par conséquent

$$dx^2+dy^2+dz^2=\mathrm{F}\,d\varphi^2+2\,\mathrm{G}\,d\varphi\,d\psi+\mathrm{H}\,d\psi^2+2\,\mathrm{I}\,d\varphi\,d\theta+\ldots,$$

A, B, C, ..., F, G, H, ... étant des fonctions de φ, ψ, $\theta,\ldots$.

Maintenant, différentiant la première quantité par d et la seconde par δ, et ôtant de la première différentielle la moitié de la seconde, on trouve

$$d.(dx\,\delta x+dy\,\delta y+dz\,\delta z)-\tfrac{1}{2}\delta(dx^2+dy^2+dz^2)$$
$$=d.(\mathrm{F}\,d\varphi)\,\delta\varphi-\tfrac{1}{2}\delta\mathrm{F}\,d\varphi^2+d.(\mathrm{G}\,d\varphi)\,\delta\psi+d.(\mathrm{G}\,d\psi)\,\delta\varphi$$
$$-\delta\mathrm{G}\,d\varphi\,d\psi+d.(\mathrm{H}\,d\psi)\,\delta\psi-\tfrac{1}{2}\delta\mathrm{H}\,d\psi^2+\ldots$$

En comparant ce résultat avec la valeur de $\frac{1}{2}\delta(dx^2 + dy^2 + dz^2)$, on voit qu'il s'en déduit bien simplement : il faut, dans les termes qui contiennent de suite les deux caractéristiques d, δ, transporter la première devant le multiplicateur de la double différentielle $d\delta$ et changer les signes des autres. Alors, en désignant par Φ la valeur de $\frac{1}{2}(dx^2 + dy^2 + dz^2)$ exprimée au moyen de φ, ψ, θ,..., $d\varphi$, $d\psi$, $d\theta$,..., il vient

$$d^2x\,\delta x + d^2y\,\delta y + d^2z\,\delta z$$
$$= \left[-\frac{d\Phi}{d\varphi} + d.\frac{d\Phi}{d.(d\varphi)}\right]\delta\varphi + \left[-\frac{d\Phi}{d\psi} + d.\frac{d\Phi}{d.(d\psi)}\right]\delta\psi + \left[-\frac{d\Phi}{d\theta} + d.\frac{d\Phi}{d.(d\theta)}\right]\delta\theta + \ldots;$$

une expression telle que $\frac{d\Phi}{d.(d\varphi)}$ désigne la dérivée de la fonction Φ par rapport à $d\varphi$.

Cela étant, désignons par T la demi-somme des forces vives du système $T = \frac{1}{2}\sum m\left(\frac{dx^2}{dt^2} + \frac{dy^2}{dt^2} + \frac{dz^2}{dt^2}\right)$. Quand on aura exprimé T au moyen des variables indépendantes φ, ψ, θ,... et de leurs dérivées par rapport à t, que nous désignerons par φ', ψ', θ',..., on aura

$$\sum m\left(\frac{d^2x}{dt^2}\delta x + \frac{d^2y}{dt^2}\delta y + \frac{d^2z}{dt^2}\delta z\right)$$
$$= \left[\frac{d.\left(\frac{dT}{d\varphi'}\right)}{dt} - \frac{dT}{d\varphi}\right]\delta\varphi + \left[\frac{d.\left(\frac{dT}{d\psi'}\right)}{dt} - \frac{dT}{d\psi}\right]\delta\psi + \left[\frac{d.\left(\frac{dT}{d\theta'}\right)}{dt} - \frac{dT}{d\theta}\right]\delta\theta + \ldots.$$

Quant à la partie $\sum m(P\,\delta p + Q\,\delta q + R\,\delta r + \ldots)$, elle s'exprimera toujours facilement au moyen des variables indépendantes φ, ψ, θ,...; mais nous supposerons, ce qui est d'ailleurs le cas ordinaire de la nature, qu'en ne conservant que les forces qui doivent entrer dans la première solution du problème, l'expression $\sum m(P\,dp + Q\,dq + R\,dr + \ldots)$ soit une différentielle exacte, et nous désignerons son intégrale par V. Alors nous aurons

$$\sum m(P\,\delta p + Q\,\delta q + R\,\delta r + \ldots) = \delta V = \frac{dV}{d\varphi}\delta\varphi + \frac{dV}{d\psi}\delta\psi + \frac{dV}{d\theta}\delta\theta + \ldots,$$

et la formule générale de la dynamique deviendra

$$\left[\frac{d.\left(\frac{d\mathrm{T}}{d\varphi'}\right)}{dt}-\frac{d\mathrm{T}}{d\varphi}+\frac{d\mathrm{V}}{d\varphi}\right]\delta\varphi+\left[\frac{d.\left(\frac{d\mathrm{T}}{d\psi'}\right)}{dt}-\frac{d\mathrm{T}}{d\psi}+\frac{d\mathrm{V}}{d\psi}\right]\delta\psi$$
$$+\left[\frac{d.\left(\frac{d\mathrm{T}}{d\theta'}\right)}{dt}-\frac{d\mathrm{T}}{d\theta}+\frac{d\mathrm{V}}{d\theta}\right]\delta\theta+\ldots=0.$$

Maintenant posons

$$(a)\qquad \frac{d\mathrm{T}}{d\varphi'}=u,\qquad \frac{d\mathrm{T}}{d\psi'}=v,\qquad \frac{d\mathrm{T}}{d\theta'}=s,\ldots,$$

et égalons séparément à zéro les coefficients de $\delta\varphi$, $\delta\psi$, $\delta\theta$,..., puisque ce sont des variables indépendantes, et nous aurons enfin pour premières équations

$$(b)\qquad \begin{cases} \frac{du}{dt}-\frac{d\mathrm{T}}{d\varphi}+\frac{d\mathrm{V}}{d\varphi}=0,\\ \frac{dv}{dt}-\frac{d\mathrm{T}}{d\psi}+\frac{d\mathrm{V}}{d\psi}=0,\\ \frac{ds}{dt}-\frac{d\mathrm{T}}{d\theta}+\frac{d\mathrm{V}}{d\theta}=0,\\ \text{etc.}\ldots\ldots\ldots\ldots\ldots \end{cases}$$

Ce système est, par hypothèse, intégrable, et il s'agit de montrer comment, en faisant varier les arbitraires qui entrent dans ses intégrales, on peut en déduire la solution du système

$$(c)\qquad \begin{cases} \frac{du}{dt}-\frac{d\mathrm{T}}{d\varphi}+\frac{d\mathrm{V}}{d\varphi}=(\varphi),\\ \frac{dv}{dt}-\frac{d\mathrm{T}}{d\psi}+\frac{d\mathrm{V}}{d\psi}=(\psi),\\ \frac{ds}{dt}-\frac{d\mathrm{T}}{d\theta}+\frac{d\mathrm{V}}{d\theta}=(\theta),\\ \text{etc.}\ldots\ldots\ldots\ldots\ldots \end{cases}$$

dans lequel on tient compte de toutes les forces.

La partie de $\Sigma m\,(\mathrm{P}\delta p+\mathrm{Q}\delta q+\mathrm{R}\delta r+\ldots)$, qui a été négligée dans la première solution, est représentée ici, pour plus de généralité, par

$$-[(\varphi)\delta\varphi + (\psi)\delta\psi + (\theta)\delta\theta + \ldots],$$

et (φ), (ψ), (θ),... sont des fonctions quelconques de φ, ψ, θ,....

Les systèmes (a) et (b) comprennent $2n$ équations du premier ordre, entre $2n$ fonctions de t, φ, ψ, θ,..., u, v, s,... ; si l'on imagine que ces équations aient été intégrées, on pourra par leur moyen exprimer φ, ψ, θ,..., u, v, s,... par des fonctions de t et des $2n$ constantes arbitraires a, b, c,... qui se trouvent dans leurs intégrales, et ces expressions, substituées dans les équations (a) et (b), les vérifieront identiquement.

Maintenant supposons que δ désigne la variation qui se rapporte à une partie quelconque des constantes, et que Δ désigne une chose analogue.

Différentions la première des équations (b) par δ, multiplions le résultat par $\Delta\varphi$, ensuite différentions-la par Δ, et multiplions le résultat par $\delta\varphi$; puis retranchons l'un de l'autre. Il vient

$$\Delta\varphi\delta\frac{du}{dt} - \delta\varphi\Delta\frac{du}{dt} = \left(\Delta\varphi\delta\frac{dT}{d\varphi} - \delta\varphi\Delta\frac{dT}{d\varphi}\right) + \left(\delta\varphi\Delta\frac{dV}{d\varphi} - \Delta\varphi\delta\frac{dV}{d\varphi}\right).$$

Mais comme $\quad \Delta\varphi\delta\frac{du}{dt} - \delta\varphi\Delta\frac{du}{dt} = \frac{d[\Delta\varphi\delta u - \delta\varphi\Delta u]}{dt} - [\Delta\varphi'\delta u - \delta\varphi'\Delta u],$

et que $u = \frac{dT}{d\varphi'}$, si l'on agit d'une manière analogue à l'égard des autres équations du même système (b), et qu'on ajoute les résultats, l'équation qu'on obtiendra pourra s'écrire ainsi:

$$d.\frac{[\Delta\varphi\delta u - \delta\varphi\Delta u + \Delta\psi\delta v - \delta\psi\Delta v + \Delta\theta\delta s - \delta\theta\Delta s + \text{etc}\ldots]}{dt}$$

$$= \left(\Delta\varphi\delta\frac{dT}{d\varphi} - \delta\varphi\Delta\frac{dT}{d\varphi}\right) + \left(\Delta\psi\,\delta\frac{dT}{d\psi} - \delta\psi\Delta\frac{dT}{d\psi}\right) + \left(\Delta\theta\delta\frac{dT}{d\theta} - \delta\theta\Delta\frac{dT}{d\theta}\right) + \text{etc}\ldots$$

$$+ \left(\Delta\varphi'\delta\frac{dT}{d\varphi'} - \delta\varphi'\Delta\frac{dT}{d\varphi'}\right) + \left(\Delta\psi'\delta\frac{dT}{d\psi'} - \delta\psi'\Delta\frac{dT}{d\psi'}\right) + \left(\Delta\theta'\delta\frac{dT}{d\theta'} - \delta\theta'\Delta\frac{dT}{d\theta'}\right) + \text{etc}\ldots$$

$$+ \left(\delta\varphi\Delta\frac{dV}{d\varphi} - \Delta\varphi\delta\frac{dV}{d\varphi}\right) + \left(\delta\psi\Delta\frac{dV}{d\psi} - \Delta\psi\,\delta\frac{dV}{d\psi}\right) + \left(\delta\theta\,\Delta\frac{dV}{d\theta} - \Delta\theta\delta\frac{dV}{d\theta}\right) + \text{etc}\ldots$$

Le second membre est identiquement nul, parce que, si φ et ψ sont deux variables quelconques, dans la partie affectée de T les termes deux à deux sont tels que $\Delta\varphi \frac{d^2T}{d\varphi d\psi}\delta\psi$, $-\delta\psi\frac{d^2T}{d\psi d\varphi}\Delta\varphi$ et $\Delta\varphi'\frac{d^2T}{d\varphi' d\psi'}\delta\psi'$, $-\delta\psi'\frac{d^2T}{d\psi' d\varphi'}\Delta\varphi'$, et, dans la partie qui provient de V, ils seront tels que

$$\Delta\varphi\frac{d^2V}{d\varphi d\psi}\delta\psi, \quad -\delta\psi\frac{d^2V}{d\varphi d\psi}\Delta\varphi.$$

Alors intégrons le premier membre et nous avons

$$(\Delta\varphi\delta u - \Delta u\delta\varphi) + (\Delta\psi\delta v - \Delta v\delta\psi) + (\Delta\theta\delta s - \Delta s\delta\theta) + \ldots = \text{constante};$$

on peut supposer que la variation désignée par Δ ne se rapporte qu'à a, et que celle désignée par δ ne se rapporte qu'à b, et alors, pour une variable quelconque φ, on aura

$$\Delta\varphi = \frac{d\varphi}{da}\Delta a \quad \text{et} \quad \delta\varphi = \frac{d\varphi}{db}\delta b.$$

De cette manière, en supprimant le facteur $\Delta a\,\delta b$, l'équation précédente devient

$$\frac{d\varphi}{da}\frac{du}{db} - \frac{du}{da}\frac{d\varphi}{db} + \frac{d\psi}{da}\frac{dv}{db} - \frac{dv}{da}\frac{d\psi}{db} + \frac{d\theta}{da}\frac{ds}{db} - \frac{ds}{da}\frac{d\theta}{db} + \text{etc}\ldots = \text{constante}.$$

On peut supposer que les variations désignées par Δ et δ se rapportent à deux autres arbitraires, et l'on aura, relativement à ces arbitraires, un résultat pareil au précédent.

Nous désignerons par le symbole (a, b) la quantité

$$\frac{d\varphi}{da}\frac{du}{db} - \frac{du}{da}\frac{d\varphi}{db} + \frac{d\psi}{da}\frac{dv}{db} - \frac{dv}{da}\frac{d\psi}{db} + \frac{d\theta}{da}\frac{ds}{db} - \frac{ds}{da}\frac{d\theta}{db} + \text{etc}\ldots,$$

que l'on vient de démontrer être une fonction des arbitraires $a, b, c, \ldots$, indépendante de t. Alors, d'après la forme même de cette quantité, on aura

$$(a, a) = 0 \quad \text{et} \quad (b, a) = -(a, b).$$

Maintenant, supposons les intégrales des systèmes (a) et (b) résolues par rapport aux arbitraires $a, b, c, \ldots$, et écrites ainsi

$$(d) \qquad a = A, \quad b = B, \quad c = C, \ldots,$$

nous poserons

$$(\mathrm{A},\mathrm{B})=\frac{d\mathrm{A}}{d\varphi}\frac{d\mathrm{B}}{du}-\frac{d\mathrm{A}}{du}\frac{d\mathrm{B}}{d\varphi}+\frac{d\mathrm{A}}{d\psi}\frac{d\mathrm{B}}{dv}-\frac{d\mathrm{A}}{dv}\frac{d\mathrm{B}}{d\psi}+\frac{d\mathrm{A}}{d\theta}\frac{d\mathrm{B}}{ds}-\frac{d\mathrm{A}}{ds}\frac{d\mathrm{B}}{d\theta}+\ldots,$$

ce qui donnera

$$(\mathrm{A},\mathrm{A})=0 \quad \text{et} \quad (\mathrm{A},\mathrm{B})=-(\mathrm{B},\mathrm{A});$$

écrivons maintenant les valeurs de (A,A), (A,B), $(\mathrm{A},\mathrm{C}),\ldots$,

$$(\mathrm{A},\mathrm{A})=\frac{d\mathrm{A}}{d\varphi}\frac{d\mathrm{A}}{du}-\frac{d\mathrm{A}}{du}\frac{d\mathrm{A}}{d\varphi}+\frac{d\mathrm{A}}{d\psi}\frac{d\mathrm{A}}{dv}-\frac{d\mathrm{A}}{dv}\frac{d\mathrm{A}}{d\psi}+\frac{d\mathrm{A}}{d\theta}\frac{d\mathrm{A}}{ds}-\frac{d\mathrm{A}}{ds}\frac{d\mathrm{A}}{d\theta}+\text{etc.}\ldots,$$

$$(\mathrm{A},\mathrm{B})=\frac{d\mathrm{A}}{d\varphi}\frac{d\mathrm{B}}{du}-\frac{d\mathrm{A}}{du}\frac{d\mathrm{B}}{d\varphi}+\frac{d\mathrm{A}}{d\psi}\frac{d\mathrm{B}}{dv}-\frac{d\mathrm{A}}{dv}\frac{d\mathrm{B}}{d\psi}+\frac{d\mathrm{A}}{d\theta}\frac{d\mathrm{B}}{ds}-\frac{d\mathrm{A}}{ds}\frac{d\mathrm{B}}{d\theta}+\text{etc.}\ldots,$$

$$(\mathrm{A},\mathrm{C})=\frac{d\mathrm{A}}{d\varphi}\frac{d\mathrm{C}}{du}-\frac{d\mathrm{A}}{du}\frac{d\mathrm{C}}{d\varphi}+\frac{d\mathrm{A}}{d\psi}\frac{d\mathrm{C}}{dv}-\frac{d\mathrm{A}}{dv}\frac{d\mathrm{C}}{d\psi}+\frac{d\mathrm{A}}{d\theta}\frac{d\mathrm{C}}{ds}-\frac{d\mathrm{A}}{ds}\frac{d\mathrm{C}}{d\theta}+\text{etc.}\ldots,$$

. . . .

et ensuite, remarquant qu'une quantité telle que $\frac{du}{da}\frac{d\mathrm{A}}{du}+\frac{du}{db}\frac{d\mathrm{B}}{du}+\frac{du}{dc}\frac{d\mathrm{C}}{du}+\ldots$ est $\frac{du}{du}$, et par conséquent 1, et que $\frac{du}{da}\frac{d\mathrm{A}}{d\varphi}+\frac{du}{db}\frac{d\mathrm{B}}{d\varphi}+\frac{du}{dc}\frac{d\mathrm{C}}{d\varphi}+\text{etc.}\ldots$ est $\frac{du}{d\varphi}$, et par conséquent zéro, puisque les variables u et φ sont indépendantes, multiplions les égalités précédentes respectivement, d'abord par $\frac{du}{da}, \frac{du}{db}, \frac{du}{dc},\ldots$ et ajoutons-les; après cela, multiplions-les de même par $\frac{dv}{da}, \frac{dv}{db}, \frac{dv}{dc}$, et ajoutons-les, et ainsi de suite.

Nous trouverons les équations suivantes :

$$(e)\quad\left\{\begin{array}{l}
\frac{d\mathrm{A}}{d\varphi}=(\mathrm{A},\mathrm{A})\frac{du}{da}+(\mathrm{A},\mathrm{B})\frac{du}{db}+(\mathrm{A},\mathrm{C})\frac{du}{dc}+\ldots,\\
\frac{d\mathrm{A}}{d\psi}=(\mathrm{A},\mathrm{A})\frac{dv}{da}+(\mathrm{A},\mathrm{B})\frac{dv}{db}+(\mathrm{A},\mathrm{C})\frac{dv}{dc}+\ldots,\\
\ldots\ldots\ldots\ldots\ldots\ldots\ldots\ldots\ldots\ldots\\
\frac{d\mathrm{A}}{du}=-(\mathrm{A},\mathrm{A})\frac{d\varphi}{da}-(\mathrm{A},\mathrm{B})\frac{d\varphi}{db}-(\mathrm{A},\mathrm{C})\frac{d\varphi}{dc}-\ldots,\\
\frac{d\mathrm{A}}{dv}=-(\mathrm{A},\mathrm{A})\frac{d\psi}{da}-(\mathrm{A},\mathrm{B})\frac{d\psi}{db}-(\mathrm{A},\mathrm{C})\frac{d\psi}{dc}-\ldots.\\
\ldots\ldots\ldots\ldots\ldots\ldots\ldots\ldots\ldots\ldots
\end{array}\right.$$

Maintenant multiplions ces dernières équations (e) respectivement, d'abord par

$$\frac{d\varphi}{da}, \quad \frac{d\psi}{da}, \quad \frac{d\theta}{da}, \ldots, \quad \frac{du}{da}, \quad \frac{dv}{da}, \ldots,$$

et ajoutons-les; multiplions-les ensuite par

$$\frac{d\varphi}{db}, \quad \frac{d\psi}{db}, \quad \frac{d\theta}{db}, \ldots, \quad \frac{du}{db}, \quad \frac{dv}{db}, \ldots,$$

et ajoutons-les de même; et ainsi pour chacune des arbitraires $a, b, c, \ldots$, nous aurons

$$\begin{aligned} 1 &= (A, A)(a, a) + (A, B)(a, b) + (A, C)(a, c) + \ldots, \\ 0 &= (A, A)(b, a) + (A, B)(b, b) + (A, C)(b, c) + \ldots, \\ 0 &= (A, A)(c, a) + (A, B)(c, b) + (A, C)(c, c) + \ldots; \\ &\ldots\ldots\ldots\ldots\ldots\ldots\ldots\ldots\ldots\ldots\ldots \end{aligned}$$

donc les quantités (A, B), (A, C), etc., ..., sont des fonctions de (a, b), (a, c), ..., et par conséquent indépendantes de t.

Revenons à notre sujet principal : on suppose connues les intégrales du système des équations (a) et (b), et il faut en déduire celles du système des équations (a) et (c), en faisant varier les arbitraires $a, b, c, \ldots$. Désignons maintenant par δ la variation qu'éprouvent les quantités $\varphi, \psi, \theta, \ldots, u, v, s, \ldots$, par suite de la variation de toutes les arbitraires $a, b, c, \ldots$. Si nous posons

$$\delta\varphi = 0, \quad \delta\psi = 0, \quad \delta\theta = 0, \ldots,$$

les équations du système (a) seront toujours satisfaites. Pour que celles du système (c) le soient aussi, il faudra qu'on ait

$$\frac{\delta u}{dt} = (\varphi), \quad \frac{\delta v}{dt} = (\psi), \quad \frac{\delta s}{dt} = (\theta), \ldots,$$

et alors on aura les variations des arbitraires $a, b, c, \ldots$, en différentiant les intégrales (d) par rapport à toutes les quantités $\varphi, \psi, \theta, \ldots, u, v, s, \ldots, a, b, c, \ldots$, considérées comme fonctions de t, et substituant à la place de $\frac{d\varphi}{dt}, \frac{d\psi}{dt}, \frac{d\theta}{dt}, \ldots, \frac{du}{dt}, \frac{dv}{dt}, \frac{ds}{dt}, \ldots$, leurs nouvelles valeurs, déduites des équations (a) et (c). Les trois premières quantités étant les mêmes dans les deux cas, il vient

$$\frac{da}{dt}=\frac{dA}{d\varphi}\varphi'+\frac{dA}{d\psi}\psi'+\frac{dA}{d\theta}\theta'+\ldots+\frac{dA}{du}\left[\frac{dT}{d\varphi}-\frac{dV}{d\varphi}+(\varphi)\right]$$
$$+\frac{dA}{dv}\left[\frac{dT}{d\psi}-\frac{dV}{d\psi}+(\psi)\right]+\ldots+\frac{dA}{dt},$$

$$\frac{db}{dt}=\frac{dB}{d\varphi}\varphi'+\frac{dB}{d\psi}\psi'+\frac{dB}{d\theta}\theta'+\ldots+\frac{dB}{du}\left[\frac{dT}{d\varphi}-\frac{dV}{d\varphi}+(\varphi)\right]$$
$$+\frac{dB}{dv}\left[\frac{dT}{d\psi}-\frac{dV}{d\psi}+(\psi)\right]+\ldots+\frac{dB}{dt},$$

....

Mais dans les seconds membres de ces équations, les parties indépendantes de (φ), (ψ), (θ),... doivent se détruire, puisque ces équations seraient satisfaites si les quantités a, b, c,... étaient constantes, et que (φ), (ψ), (θ),... fussent nulles. Il nous vient donc

$$\frac{da}{dt}=(\varphi)\frac{dA}{du}+(\psi)\frac{dA}{dv}+(\theta)\frac{dA}{ds}+\ldots,$$

$$\frac{db}{dt}=(\varphi)\frac{dB}{du}+(\psi)\frac{dB}{dv}+(\theta)\frac{dB}{ds}+\ldots,$$

$$\frac{dc}{dt}=(\varphi)\frac{dC}{du}+(\psi)\frac{dC}{dv}+(\theta)\frac{dC}{ds}+\ldots.$$

....

Posons maintenant

$$V'=\int[(\varphi)\,d\varphi+(\psi)\,d\psi+(\theta)\,d\theta+\ldots],$$

sans supposer cependant que la quantité sous le signe $\int$ soit une différentielle exacte. Alors, comme φ, ψ, θ,... sont des fonctions de $a, b, c,\ldots, t$, en vertu des intégrales obtenues (d), il en sera de même de V', et nous désignerons les coefficients différentiels $\frac{dV'}{da}$, $\frac{dV'}{db}$, $\frac{dV'}{dc}$,..., respectivement par (a), (b), (c),...; nous aurons ainsi

$$(\varphi) = \frac{dV'}{d\varphi} = (a)\frac{dA}{d\varphi} + (b)\frac{dB}{d\varphi} + (c)\frac{dC}{d\varphi} + \ldots,$$

$$(\psi) = \frac{dV'}{d\psi} = (a)\frac{dA}{d\psi} + (b)\frac{dB}{d\psi} + (c)\frac{dC}{d\psi} + \ldots,$$

$$(\theta) = \frac{dV'}{d\theta} = (a)\frac{dA}{d\theta} + (b)\frac{dB}{d\theta} + (c)\frac{dC}{d\theta} + \ldots;$$

....

d'ailleurs la quantité V' étant indépendante de φ', ψ', θ',..., et par conséquent de u, v, s,... on a

$$o = \frac{dV'}{du} = (a)\frac{dA}{du} + (b)\frac{dB}{du} + (c)\frac{dC}{du} + \ldots,$$

$$o = \frac{dV'}{dv} = (a)\frac{dA}{dv} + (b)\frac{dB}{dv} + (c)\frac{dC}{dv} + \ldots,$$

$$o = \frac{dV'}{ds} = (a)\frac{dA}{ds} + (b)\frac{dB}{ds} + (c)\frac{dC}{ds} + \ldots,$$

....

ce qui fournit les formules

$$\begin{aligned}\frac{da}{dt} = &\left[(a)\frac{dA}{d\varphi} + (b)\frac{dB}{d\varphi} + (c)\frac{dC}{d\varphi} + \ldots\right]\frac{dA}{du} + \left[(a)\frac{dA}{d\psi} + (b)\frac{dB}{d\psi} + \ldots\right]\frac{dA}{dv} \\ &+ \left[(a)\frac{dA}{d\theta} + (b)\frac{dB}{d\theta} + \ldots\right]\frac{dA}{ds} + \ldots \\ &- \left[(a)\frac{dA}{du} + (b)\frac{dB}{du} + (c)\frac{dC}{du} + \ldots\right]\frac{dA}{d\varphi} - \left[(a)\frac{dA}{dv} + (b)\frac{dB}{dv} + \ldots\right]\frac{dA}{d\psi} \\ &- \left[(a)\frac{dA}{ds} + (b)\frac{dB}{ds} + \ldots\right]\frac{dA}{d\theta} - \ldots,\end{aligned}$$

ou bien

$$\frac{da}{dt} = -(A, B)(b) - (A, C)(c) - \ldots;$$

on aura de même

$$\frac{db}{dt} = -(B, A)(a) - (B, C)(c) - \ldots,$$

$$\frac{dc}{dt} = -(C, A)(a) - (C, B)(b) - \ldots.$$

....

Ce sont les formules qui doivent servir à calculer $a, b, c,\ldots$ en fonctions de t. Dans chaque cas particulier il faudra commencer par calculer les quantités (A, B), (A, C),..., (B, C),.... On substituera ensuite ces valeurs dans les formules précédentes, et les différentielles des arbitraires seront exprimées au moyen des différentielles de V' prises par rapport à ces mêmes arbitraires et multipliées par des quantités indépendantes de t.

Le calcul des quantités (A, B), (A, C),... sera toujours facile quand on aura exprimé $a, b, c,\ldots$ en fonctions des variables, comme on le suppose dans les équations (d).

Si l'une des quantités, B par exemple, renfermait quelques-unes des arbitraires $l, m, n,\ldots$, on pourrait employer la formule suivante

$$(\mathrm{A},\mathrm{B}) = (\overline{\mathrm{A},\mathrm{B}}) + (\mathrm{A},\mathrm{L})\frac{d\mathrm{B}}{dl} + (\mathrm{A},\mathrm{M})\frac{d\mathrm{B}}{dm} + (\mathrm{A},\mathrm{N})\frac{d\mathrm{B}}{dn} + \ldots,$$

dans laquelle $(\overline{\mathrm{A},\mathrm{B}})$ désigne la valeur qu'on trouve pour (A, B) quand on ne tient pas compte des arbitraires $l, m, n,\ldots$ qui sont dans B.

En effet,

$$\frac{d\mathrm{B}}{du} = \frac{\overline{d\mathrm{B}}}{du} + \frac{d\mathrm{B}}{dl}\frac{d\mathrm{L}}{du} + \frac{d\mathrm{B}}{dm}\frac{d\mathrm{M}}{du} + \frac{d\mathrm{B}}{dn}\frac{d\mathrm{N}}{du} + \ldots,$$

$$\frac{d\mathrm{B}}{d\varphi} = \frac{\overline{d\mathrm{B}}}{d\varphi} + \frac{d\mathrm{B}}{dl}\frac{d\mathrm{L}}{d\varphi} + \frac{d\mathrm{B}}{dm}\frac{d\mathrm{M}}{d\varphi} + \frac{d\mathrm{B}}{dn}\frac{dn}{d\varphi} + \ldots,$$

....

et, en substituant ces valeurs dans l'expression désignée par (A, B), on trouve la formule précédente.

Les quantités (A, B), (A, C),... deviennent extrêmement simples quand on prend, pour les constantes arbitraires, les valeurs des variables à une même époque, par exemple à l'origine du temps. Supposons donc que $a, b, c,\ldots, l, m, n,\ldots$ soient les valeurs de $\varphi, \psi, \theta,\ldots u, v, s,\ldots$ pour $t = 0$; alors on trouve

$$(\mathrm{A},\mathrm{L}) = 1,\quad (\mathrm{B},\mathrm{M}) = 1,\quad (\mathrm{C},\mathrm{N}) = 1,\ldots,$$

et toutes les autres quantités, telles que (A, B), (A, C),..., sont nulles; ce qui donne

$$da = -(l)\,dt,\quad db = -(m)\,dt,\quad dc = -(n)\,dt,\ldots,$$
$$dl = (a)\,dt,\quad dm = (b)\,dt,\quad dn = (c)\,dt,\ldots.$$

Il existe des formules pour ainsi dire inverses des précédentes, et, comme elles peuvent leur être associées ou même préférées dans de certains cas, nous devons les faire connaître. Pour cela, reprenons les équations qui déterminent les arbitraires devenues variables. Elles sont :

$$\delta\varphi = 0,\quad \delta\psi = 0,\quad \delta\theta = 0,\ldots,$$
$$\delta u = (\varphi)\,dt,\quad \delta v = (\psi)\,dt,\quad \delta s = (\theta)\,dt,\ldots.$$

Je suppose que Δ se rapporte à la variation d'une partie quelconque des arbitraires, et je multiplie les équations précédentes respectivement par Δu, Δv, Δs,..., $\Delta\varphi$, $\Delta\psi$, $\Delta\theta$,...; puis je retranche les premières des dernières. En désignant toujours par V′ la quantité

$$\int[(\varphi)\,d\varphi + (\psi)\,d\psi + (\theta)\,d\theta + \ldots],$$

j'obtiens ainsi

$$(f)\qquad (\Delta\varphi\delta u - \Delta u\delta\varphi) + (\Delta\psi\delta v - \Delta v\delta\psi) + (\Delta\theta\delta s - \Delta s\delta\theta) + \ldots = \Delta V'dt.$$

Supposons d'abord que Δ ne se rapporte qu'à l'arbitraire a, δ se rapportant à l'ensemble des arbitraires; alors, pour une variable quelconque φ, on a

$$\Delta\varphi = \frac{d\varphi}{da}\Delta a,\quad \delta\varphi = \frac{d\varphi}{da}\delta a + \frac{d\varphi}{db}\delta b + \frac{d\varphi}{dc}\delta c + \ldots,$$

ou bien

$$\delta\varphi = \frac{d\varphi}{da}da + \frac{d\varphi}{db}db + \frac{d\varphi}{dc}dc + \ldots \quad \text{et} \quad \Delta V' = (a)\,\Delta a.$$

Je substitue dans (f), et j'ai, en supprimant le facteur Δa, et en employant les symboles adoptés,

$$(a)\,dt = (a, b)\,db + (a, c)\,dc + \ldots.$$

On trouve de même

$$(b)\,dt = (b,\ a)\,da + (b,c)\,dc + \dots,$$
$$(c)\,dt = (c,\ a)\,da + (c,\ b)\,db + \dots$$
$$\dots\dots\dots\dots\dots\dots\dots\dots$$

Quand on aura calculé les quantités $(a,\ b)$, $(a,\ c)$,..., qui sont indépendantes de t, il sera facile de déduire des équations précédentes, par les simples règles de l'élimination, les valeurs de da, db, dc,..., exprimées au moyen de (a), (b),..., et de coefficients indépendants de t.

En intégrant les différentielles des constantes arbitraires, on obtiendrait leurs valeurs finies; mais comme ces intégrations ne peuvent pas ordinairement s'effectuer, on a recours à la méthode des approximations successives.

Vu et approuvé,

Le 30 avril 1844.

Le Doyen de la Faculté des Sciences,

DUMAS.

Permis d'imprimer,

L'Inspecteur général des Études,

chargé de l'administration de l'Académie de Paris,

ROUSSELLE.

IMPRIMERIE DE BACHELIER,
rue du Jardinet, n° 12.

www.ingramcontent.com/pod-product-compliance
Lightning Source LLC
Chambersburg PA
CBHW050614210326
41521CB00008B/1250